台达ES/EX/SS系列PLC
应用技术
（第二版）

张 悦 编著

中国电力出版社
CHINA ELECTRIC POWER PRESS

内 容 提 要

为满足教学及实际工程应用的需要，本书以台达（Delta）ES/EX/SS 系列 PLC 为例，主要介绍了 PLC 的组成和工作原理、机型特点、指令系统、编程方法和编程软件，还给出了一些应用范例。

本书注重理论联系实际，由浅入深、逐层递进地编排章节，既方便教学，又有利于提高读者的实际操作能力。

本书可作为高等院校机械设计制造及其自动化、自动化、电气工程及自动化、材料成型及控制工程等相关本科生或研究生教材，也可作为相关领域工程技术人员的参考资料。

图书在版编目（CIP）数据

台达ES/EX/SS系列PLC应用技术／张悦编著. —2版.
—北京：中国电力出版社，2015.6（2023.2 重印）
ISBN 978-7-5123-7368-6

Ⅰ.①台… Ⅱ.①张… Ⅲ.①plc技术 Ⅳ.①TM571.6

中国版本图书馆CIP数据核字（2015）第050113号

中国电力出版社出版、发行
（北京市东城区北京站西街 19 号　100005　http://www.cepp.sgcc.com.cn）
北京雁林吉兆印刷有限公司印刷
各地新华书店经售

*

2009 年 2 月第一版
2015 年 6 月第二版　　2023 年 2 月北京第八次印刷
787 毫米×1092 毫米　16 开本　12.75 印张　301 千字
印数 13001—14000 册　定价 **38.00** 元

PREFACE 前 言

可编程逻辑控制器（Programmer Logic Controller, PLC）是以微处理器为核心的工业控制器。经过多年的发展与实践，PLC 的功能和性能已经有了很大的提高。从当初用于逻辑控制和顺序控制领域，扩展到运动控制和过程控制领域。可编程逻辑控制器也改称为可编程控制器（Programmer Controller, PC），由于个人计算机也简称 PC（Personal Computer），为了避免混淆，可编程控制器仍被称为 PLC。

PLC 的模块化结构以及远程 I/O 模块功能的不断完善，使其易于实现多级控制（分布控制、分散控制）。通过不同级别的网络，将 PLC 与 PLC、PLC 与远程 I/O 模块、PLC 与人机界面以及 PLC 与 PC 连接起来，形成管控一体化的网络结构。

PLC 是集成计算机技术、自动控制技术和通信技术的高新技术产品。因其具有功能完备、可靠性高、使用灵活方便的显著优点，可以说 PLC 是现代工业各个领域发展最快、应用最广的控制装置。可编程控制器技术已成为现代控制技术的重要支柱之一。

本书以中达电通股份有限公司生产的 ES/EX/SS 系列 PLC 为例，介绍了 PLC 的基本原理及使用方法。并在第一版基础上进行了改编，主要是引入 PLC 的新技术特点，更新了编程软件，删除了手持编程器操作内容。

本书由沈阳工业大学张悦编著，参加编写的还有沈阳工业大学董丽萍、沈阳易鑫科技开发有限公司马玉强、蔡佳良和沈阳东北制药装备制造安装有限公司左丽娜，其中张悦编写了第 14 章及附录，董丽萍编写了第 5 章，马玉强编写了第 6 章，蔡佳良编写了第 7 章，左丽娜编写了第 8 章。全书由张悦统稿。沈阳工业大学张希川教授级高级工程师任本书主审，对本书提出了许多宝贵建议，在此表示感谢！

本书第一版得到了广大科技人员的关注，众多工程技术人员对提出了很多意见和建议，在此表示感谢。

限于编者水平，书中疏漏或错误之处在所难免，恳请广大读者批评指正。

编 者

2015 年 5 月

PREFACE 前 言

（第一版）

可编程逻辑控制器（Programmer Logic Controller，PLC）是以微处理器为核心的工业控制器。经过多年的发展与实践，PLC 的功能和性能已经有了很大的提高。从当初用于逻辑控制和顺序控制领域，扩展到运动控制和过程控制领域。可编程逻辑控制器也改称为可编程控制器（Programmer Controller，PC），由于个人计算机也简称 PC（Personal Computer），为了避免混淆，可编程控制器仍被称为 PLC。

PLC 的模块化结构以及远程 I/O 模块功能的不断完善，使其易于实现多级控制（分布控制、分散控制）。通过不同级别的网络，将 PLC 与 PLC、PLC 与远程 I/O 模块、PLC 与人机界面以及 PLC 与 PC 连接起来，形成管控一体化的网络结构。

PLC 是集成计算机技术、自动控制技术和通信技术的高新技术产品。因其具有功能完备、可靠性高、使用灵活方便的显著优点，可以说 PLC 是现代工业各个领域发展最快、应用最广的控制装置。可编程控制技术已成为现代控制技术的重要支柱之一。

本书以中达电通股份有限公司生产的 ES/EX/SS 系列 PLC 为例，介绍了 PLC 的基本原理及使用方法。本书可作为高等院校机电类专业教材，也可供工程技术人员参考。

本书由沈阳工业大学张希川编著，参加编写的还有哈尔滨工业大学的张悦、于兴滨、王宗伟和东北制药总厂建筑安装公司的左丽娜，其中张希川编写了第 1、3、5、6 章及附录，王宗伟编写了第 2 章，张悦编写了第 4 章，于兴滨编写了第 7 章，左丽娜编写了第 8 章。全书由张希川统稿并任主编。沈阳工业大学夏加宽教授任本书主审，他对本书提出了许多宝贵建议，在此表示衷心感谢！

在本书编写过程中，还得到了中达电通股份有限公司沈阳分公司机电业务处经理曹焕东先生和应用工程师谭庆贵先生的大力支持与帮助，在此表示由衷感谢！

限于编者水平，书中疏漏或错误之处在所难免，恳请广大读者批评指正。

联系邮箱：sut-plc@163.com

编 者

2009 年 1 月

CONTENTS 目　录

前言

第一版前言

第**1**章　绪论 ··· 1

1.1　可编程控制器的定义 ·· 1

1.2　可编程控制器的产生及发展 ·· 1

1.3　可编程控制器的功能与应用 ·· 3

1.3.1　可编程控制器的功能 ·· 3

1.3.2　可编程控制器的应用 ·· 3

1.4　可编程控制器的分类与特点 ·· 4

1.4.1　可编程控制器的分类 ·· 4

1.4.2　可编程控制器的特点 ·· 5

1.5　可编程控制器的发展趋势 ·· 6

第**2**章　可编程控制器的组成和工作原理 ······························ 8

2.1　PLC 的系统结构 ·· 8

2.2　PLC 基本组成 ·· 9

2.2.1　中央处理器 CPU 模块 ·· 9

2.2.2　存储器 ·· 9

2.2.3　输入/输出模块 ·· 10

2.2.4　电源模块 ··· 10

2.2.5　编程器和编程软件 ·· 10

2.3　PLC 的内部装置 ··· 11

2.4　PLC 的工作原理 ··· 13

2.4.1　PLC 的基本原理 ··· 13

2.4.2　PLC 的工作过程 ··· 13

2.5　可编程控制器的编程方式 ·· 16

2.5.1　指令符语言编程 ··· 17

2.5.2　梯形图语言编程 ··· 18

2.5.3　顺序功能图语言编程 ··· 19

第**3**章　台达 ES/EX/SS 系列 PLC 简介 ································· 21

3.1　台达 PLC 简介 ··· 21

3.1.1　台达 PLC 的系列 ·· 21

3.1.2　台达 PLC 的型号 ·· 21

3.1.3　台达 PLC 的周边设备 ·· 22

3.2　ES 系列 PLC ··· 22

    3.2.1　ES 系列 PLC 的构成 ·································· 22

    3.2.2　ES 系列 PLC 的基本技术性能 ······················ 23

  3.3　EX 系列 PLC ·· 27

    3.3.1　模拟量的输入 ·································· 28

    3.3.2　模拟量的输出 ·································· 29

  3.4　SS 系列 PLC ·· 30

  3.5　扩展模块 ·· 31

  3.6　ES/EX/SS 系列 PLC 的装置与功能 ················· 31

    3.6.1　DVP-PLC 的装置编号 ························· 31

    3.6.2　输入/输出触点 X / Y ························· 32

    3.6.3　辅助继电器 M ································ 32

    3.6.4　定时器 T ····································· 33

    3.6.5　计数器 C ····································· 33

    3.6.6　步进继电器 S ································ 34

    3.6.7　寄存器 D、E、F ····························· 35

    3.6.8　指针 N、P，中断指针 I ····················· 35

    3.6.9　数值常量 K、H ······························ 36

  3.7　PLC 的编程工具 ··· 37

    3.7.1　编程器简介 ··································· 37

    3.7.2　计算机专用编程软件 ························· 38

  3.8　出错代码及原因 ·· 38

第 4 章　PLC 的指令系统 ··································· 40

  4.1　基本指令 ·· 40

    4.1.1　一般指令 ····································· 40

    4.1.2　输出指令 ····································· 42

    4.1.3　定时器和计数器指令 ························· 43

    4.1.4　主控指令 ····································· 44

    4.1.5　触点上升沿和下降沿指令 ···················· 44

    4.1.6　脉冲输出指令 ································· 45

    4.1.7　步进梯形指令 ································· 45

    4.1.8　其他一般指令 ································· 45

  4.2　应用指令的基本构成 ····································· 46

    4.2.1　应用指令的编号与格式 ······················ 46

    4.2.2　操作数 ······································· 47

    4.2.3　标志信号 ····································· 48

    4.2.4　指令使用的次数限制 ························· 48

    4.2.5　对 Kn 型字装置的处理 ······················· 49

    4.2.6　浮点数的表示方法 ··························· 49

    4.2.7　变址寄存器 E、F 对操作数的修饰 ············ 50

  4.3　应用指令的分类说明 ····································· 50

    4.3.1　程序流程控制指令 ··························· 50

    4.3.2　传送比较指令 ································· 53

    4.3.3　四则逻辑运算指令 ··························· 56

    4.3.4　循环移位与移位指令 ························· 59

4.3.5　数据处理指令 ··62

4.3.6　高速处理指令 ··65

4.3.7　便利指令 ···68

4.3.8　外部 I/O 设备 ···69

4.3.9　外部 SER 设备命令 ··71

4.3.10　变频器通信指令 ··73

4.3.11　浮点运算指令 ··81

4.3.12　数据处理 II 指令 ···87

4.3.13　触点形态比较指令 LD※ ··91

4.3.14　触点形态比较指令 AND※ ···92

4.3.15　触点形态比较指令 OR※ ··92

第5章　梯形图语言的编程原理 ···94

5.1　梯形图语言基础 ··94

5.1.1　梯形图的组成元素 ··94

5.1.2　梯形图的执行 ···96

5.1.3　梯形图的执行控制 ··97

5.2　PLC 的梯形图原理 ··97

5.2.1　PLC 梯形图与传统梯形图的区别 ···97

5.2.2　梯形图的分类 ···98

5.2.3　与梯形图对应的时序图 ···99

5.3　PLC 梯形图的基本结构 ··100

5.4　PLC 梯形图的编辑要点 ··102

5.4.1　连续编号 ··102

5.4.2　程序的指令符解析 ··103

5.4.3　梯形图中的模糊结构 ··103

5.5　PLC 梯形图常见的错误图形 ···104

5.6　PLC 梯形图的化简及修正 ···105

5.6.1　PLC 梯形图的化简 ··105

5.6.2　复杂"讯号回流"的修正 ···106

5.7　常用基本程序设计范例 ··107

5.7.1　启动、停止及自锁 ··107

5.7.2　常用的控制回路 ··108

第6章　顺序功能图语言的编程原理 ···112

6.1　顺序功能图的概念 ··112

6.2　顺序功能图的基本图标和指令 ···113

6.2.1　顺序功能图的基本图标 ···113

6.2.2　步进梯形开始指令 STL ···113

6.2.3　步进梯形结束指令 RET ···113

6.3　步进梯形的动作说明 ··114

6.3.1　步进梯形动作 ···114

6.3.2　步进梯形动作时序图 ··115

6.3.3　输出线圈的重复使用 ··115

6.3.4　定时器的重复使用 ··115

　　　6.3.5　步进点的转移 ··· 116
　　　6.3.6　输出点驱动的限制 ··· 116
　　　6.3.7　一些指令使用的限制 ·· 117
　　　6.3.8　RET 指令的正确使用 ·· 117
　　　6.3.9　其他注意事项 ··· 117
　6.4　步进梯形图的流程分类 ··· 118
　　　6.4.1　单流程与多流程 ··· 118
　　　6.4.2　选择分支与选择汇合结构 ··· 119
　　　6.4.3　并行分支与并行汇合结构 ··· 120
　　　6.4.4　分支与汇合的混合结构 ·· 120
　　　6.4.5　用步进梯形图编程时的特殊问题 ······································ 124
　6.5　步进梯形图的应用 ··· 125

第7章　PLC 编程软件的功能与使用 ·· 128
　7.1　软件简介与安装 ··· 128
　7.2　初始设置与程序建立 ··· 129
　7.3　编程软件的主要功能 ··· 130
　　　7.3.1　文件菜单 ··· 130
　　　7.3.2　编程菜单 ··· 131
　　　7.3.3　编译菜单 ··· 132
　　　7.3.4　批注菜单 ··· 132
　　　7.3.5　查找菜单 ··· 132
　　　7.3.6　视图菜单 ··· 132
　　　7.3.7　通信菜单 ··· 133
　　　7.3.8　设置菜单 ··· 134
　　　7.3.9　向导菜单 ··· 135
　　　7.3.10　窗口菜单 ··· 135
　　　7.3.11　帮助菜单 ··· 135
　7.4　梯形图编辑模式 ··· 136
　　　7.4.1　梯形图编辑模式环境 ··· 136
　　　7.4.2　基本操作 ··· 136
　　　7.4.3　键盘指令码输入操作 ··· 138
　　　7.4.4　梯形图编辑实例 ··· 139
　7.5　指令编辑模式 ··· 140
　　　7.5.1　指令编辑模式环境 ··· 140
　　　7.5.2　基本操作 ··· 140
　7.6　SFC 编辑模式 ··· 142
　　　7.6.1　SFC 编辑模式环境 ·· 142
　　　7.6.2　基本操作 ··· 142
　7.7　批注编辑 ··· 148
　　　7.7.1　梯形图编辑模式 ··· 148
　　　7.7.2　SFC 编辑模式 ··· 149
　　　7.7.3　指令编辑模式 ·· 149
　7.8　通信联机模式 ··· 150
　　　7.8.1　传送数据 ··· 150

      7.8.2　程序对比 ……………………………………………………… 152

      7.8.3　密码功能 ……………………………………………………… 152

      7.8.4　执行/停止 PLC ………………………………………………… 153

      7.8.5　梯形图监控 …………………………………………………… 153

      7.8.6　SFC 监控 ……………………………………………………… 154

      7.8.7　装置监控 ……………………………………………………… 154

      7.8.8　改变当前值 …………………………………………………… 155

      7.8.9　寄存器编辑 …………………………………………………… 155

      7.8.10　装置状态编辑 ………………………………………………… 157

      7.8.11　PLC 程序内存设置 …………………………………………… 158

      7.8.12　PLC 通信侦测 ………………………………………………… 158

      7.8.13　PLC 状态信息 ………………………………………………… 158

  7.9　设置功能介绍 ………………………………………………………… 159

      7.9.1　通信设置 ……………………………………………………… 159

      7.9.2　自动保存设置 …………………………………………………… 159

      7.9.3　梯形图颜色及文字设置 ………………………………………… 159

      7.9.4　装置批注提示 …………………………………………………… 160

  7.10　仿真功能介绍 ………………………………………………………… 160

      7.10.1　启动仿真器 …………………………………………………… 160

      7.10.2　仿真器按键功能介绍 ………………………………………… 162

      7.10.3　侦错模式（Debug Mode）功能介绍 ………………………… 162

第 8 章　PLC 的综合应用实例 ……………………………………………… 164

  8.1　电动机正反转控制 …………………………………………………… 165

      8.1.1　分析控制要求和过程 ………………………………………… 165

      8.1.2　确定控制方案 …………………………………………………… 165

      8.1.3　确定装置分配与编号 ………………………………………… 165

      8.1.4　编写应用程序 …………………………………………………… 165

      8.1.5　检验、修改和完善程序 ………………………………………… 166

  8.2　产品批量包装与产量统计 …………………………………………… 166

      8.2.1　分析控制要求和过程 ………………………………………… 166

      8.2.2　确定控制方案 …………………………………………………… 167

      8.2.3　确定装置分配与编号 ………………………………………… 167

      8.2.4　编写应用程序 …………………………………………………… 167

      8.2.5　检验、修改和完善程序 ………………………………………… 167

  8.3　液体自动混合系统的控制 …………………………………………… 168

      8.3.1　分析控制要求和过程 ………………………………………… 168

      8.3.2　确定控制方案 …………………………………………………… 168

      8.3.3　确定装置分配与编号 ………………………………………… 168

      8.3.4　编写应用程序 …………………………………………………… 169

      8.3.5　检验、修改和完善程序 ………………………………………… 169

  8.4　产品配方参数调用 …………………………………………………… 170

      8.4.1　分析控制要求和过程 ………………………………………… 170

      8.4.2　确定控制方案 …………………………………………………… 170

      8.4.3　确定输入/输出信号 …………………………………………… 170

　　　　8.4.4　编写应用程序 ·· 171
　　　　8.4.5　检验、修改和完善程序 ··· 171
　　8.5　水库水位自动控制 ·· 171
　　　　8.5.1　分析控制要求和过程 ··· 171
　　　　8.5.2　确定控制方案 ··· 172
　　　　8.5.3　确定装置分配与编号 ··· 172
　　　　8.5.4　编写应用程序 ··· 172
　　　　8.5.5　检验、修改和完善程序 ··· 172
　　8.6　水塔水位高度警示控制 ·· 173
　　　　8.6.1　分析控制要求和过程 ··· 173
　　　　8.6.2　确定控制方案 ··· 173
　　　　8.6.3　确定输入/输出信号 ··· 174
　　　　8.6.4　编写应用程序 ··· 174
　　　　8.6.5　检验、修改和完善程序 ··· 174
　　8.7　水管流量精确计算 ·· 174
　　　　8.7.1　分析控制要求和过程 ··· 174
　　　　8.7.2　确定控制方案 ··· 174
　　　　8.7.3　确定装置分配与编号 ··· 174
　　　　8.7.4　编写应用程序 ··· 175
　　　　8.7.5　检验、修改和完善程序 ··· 175
　　8.8　流水线运行的编码与译码 ·· 175
　　　　8.8.1　分析控制要求和过程 ··· 175
　　　　8.8.2　确定控制方案 ··· 175
　　　　8.8.3　确定装置分配与编号 ··· 176
　　　　8.8.4　编写应用程序 ··· 176
　　　　8.8.5　检验、修改和完善程序 ··· 176
　　8.9　DHSCS 切割机控制 ·· 177
　　　　8.9.1　分析控制要求和过程 ··· 177
　　　　8.9.2　确定控制方案 ··· 177
　　　　8.9.3　确定装置分配与编号 ··· 177
　　　　8.9.4　编写应用程序 ··· 177
　　　　8.9.5　检验、修改和完善程序 ··· 177
　　8.10　整数与浮点数混合的四则运算在流水线中的应用 ································· 178
　　　　8.10.1　分析控制要求和过程 ··· 178
　　　　8.10.2　确定控制方案 ·· 178
　　　　8.10.3　确定装置分配与编号 ··· 178
　　　　8.10.4　编写应用程序 ·· 178
　　　　8.10.5　检验、修改和完善程序 ··· 179
附录 1　基本指令表（仅限 ES/EX/SS 系列 PLC）··· 180
附录 2　应用指令（仅限 ES/EX/SS 系列 PLC）·· 181
附录 3　特殊辅助继电器（仅限 ES/EX/SS 系列 PLC）··································· 184
附录 4　特殊数据寄存器（仅限 ES/EX/SS 系列 PLC）··································· 188

参考文献 ·· 191

绪　　论

台达 ES/EX/SS 系列 PLC 应用技术（第二版）

1.1　可编程控制器的定义

　　20 世纪 60 年代末，随着现代工业自动化水平的日益提高及微电子技术的飞速发展，在继电器控制的基础上，出现了一种新型工业控制器，这就是可编程序逻辑控制器（Programmable Logic Controller，PLC）。PLC 自出现以来一直处于迅速发展之中，被誉为 20 世纪 70 年代的一场工业革命。

　　美国电器制造商协会 NEMA 于 1984 年正式取名为可编程控制器（Programmable Controller，PC）。NEMA 经过四年的调查工作，给 PC 作了如下定义："PC 是一个数字式的电子装置，它使用了可编程序的记忆体储存指令，用来执行逻辑、顺序、定时、计数与演算等功能，并通过数字或类似的输入/输出模块，以控制各种机械或工作程序。一部数字电子计算机若是从事执行上述功能，亦被视为 PC，但不包括类似的机械式顺序控制器。"为避免与个人计算机（Personal Computer，PC）相混淆，一般仍习惯地将其称为 PLC。

　　国际电工委员会（International Electrotechnical Commission，IEC）在 1982 年 11 月颁布了可编程控制器标准草案的第一稿，1985 年 1 月颁布了第二稿，1987 年 2 月颁布了第三稿，对可编程控制器作了如下定义："可编程控制器是一种数字运算操作的电子系统，专为在工业环境下应用而设计。它采用可编程序的存储器，用来在其内部存储执行逻辑运算、顺序控制、定时、计数和算术运算等操作的指令，并通过数字式、模拟式的输入和输出，控制各种类型的机械或生产过程。可编程序控制器及其有关设备，都应按易于与工业控制器系统联成一个整体、易于扩充其功能的原则设计。"

1.2　可编程控制器的产生及发展

　　20 世纪 60 年代末期，由于市场的需要，美国汽车制造业的生产方式开始从大批量、少品种转变为小批量、多品种，而当时汽车组装生产线是采用继电器控制的。继电器控制系统体积大、耗电多，特别是改变生产程序很困难，已不适应生产要求。为尽量减少重新设计继电器控制系统和接线所需的成本和时间，1968 年美国最大的汽车制造商——通用汽车公司（GM）从用户角度提出了招标开发研制新一代工业控制器（可编程序逻辑控制器）的 10 条要求，如下所述。

　　（1）在工厂里，必须能在最短的中断服务时间内，方便快捷地改变控制系统的硬件或设备，重新进行程序设计。

（2）所有系统组件的运行，不需要工厂提供特殊的设备、硬件及环境。

（3）系统的维护和维修必须简单、易行。在系统中应具有状态指示器和插入式模块，以便在最短的停机时间内，快速完成故障诊断与维修工作。

（4）与继电器控制系统相比，必须耗能少，占用空间小。

（5）必须能与中央数据收集处理系统进行通信，以便监视系统运行状态和运行情况。

（6）系统能将接收来自现有的标准控制系统中的按钮及限位开关的交流信号。

（7）输出信号必须能驱动交流电动机起动器及电磁阀线圈。每个输出量要设计成可启停和连续操纵并具有额定电流的负载设备。

（8）必须能以系统最小的变动和在最短的更换和停机时间内，从系统的最小配置扩展到系统的最大配置。

（9）与先行使用的继电器和固态逻辑系统相比，在购买及安装费用上应更具有竞争能力。

（10）存储设备的容量至少可被扩展到 4000 个存储字节或存储单元的容量。

1969 年，美国数字设备公司（DEC）根据上述要求，研制出世界上第一台可编程控制器 PDP-14，并在 GM 公司的汽车生产线上首次成功应用。这是工业控制装置中少数几种完全按照用户要求而开发的产品，一出现就获得了巨大的成功。

此后，这项新技术就迅速发展起来。美国的 MODICON 公司推出了 PDP-084。1971 年，日本从美国引进了这项新技术，并很快研制出了日本第一台可编程控制器 DSC-8。1973 年，当时的西德和法国也研制出自己的可编程控制器产品。

早期的可编程控制器只是用来取代继电器控制，执行逻辑运算、定时、计数等顺序控制功能，因此称之为可编程序逻辑控制器（PLC）。

20 世纪 70 年代中期，随着微电子技术的发展，微处理器被用于 PLC，使之在原来逻辑运算功能基础上，增加了数值运算、数据处理和闭环调节等功能，运算速度提高，输入/输出规模扩大，应用更加广泛。20 世纪 80 年代至 90 年代中期，是 PLC 发展最快的时期，年增长率一直保持在 30%～40%。在这期间，PLC 的处理模拟量能力、数字运算能力、人机接口能力和网络能力大幅提高，PLC 逐渐进入过程控制领域，而且在某些应用上取代了在过程控制领域处于统治地位的 DCS。

我国从 1974 年开始研制，但因元器件质量和技术问题等原因，未能推广。1977 年，我国研制出第一台具有实用价值的可编程控制器，并开始应用于工业控制。

随着我国改革开放，从 1982 年开始先后有天津、厦门、无锡、大连、上海、北京等地的仪表厂、无线电厂及研究所等单位与美国、德国、日本等可编程控制器的制造厂商进行了合资或引进技术、生产流水线等，使我国可编程控制器技术与应用有了较大的发展。一些大中型的工程项目采用可编程控制器后，取得了明显的经济效益，反过来也促进了可编程控制器的发展。

随着大规模和超大规模集成电路等微电子技术的快速发展，以 16 位和 32 位微处理器构成的微机化 PLC 也得到了快速的发展。PLC 不仅控制功能增强、可靠性提高、功耗降低、体积减小、成本下降、编程和故障检测更加灵活方便，而且随着数据处理、远程 I/O、网络通信以及各种智能、特殊功能模块的开发，使 PLC 不仅能出色地完成顺序控制，也能进行连续生产过程中的模拟量控制、位置控制等，还可实现柔性制造系统（FMS），应用面不断扩大。PLC 成为加速实现机电一体化和工业自动化的强有力工具。

现今，PLC 已经具有通用性强、使用方便、适应面广、可靠性高、抗干扰能力强、编程简单等特点。在可预见的将来，PLC 在工业自动化控制特别是在顺序控制中的主导地位，是其他控制技术无法取代的。

1.3　可编程控制器的功能与应用

1.3.1　可编程控制器的功能

PLC 的主要功能概括为以下几个方面。

（1）逻辑控制：PLC 具有与、或、非等逻辑运算功能，以取代继电器进行开关量控制。

（2）定时控制：PLC 具有定时功能，由定时指令控制的若干个定时器进行定时控制。

（3）计数控制：PLC 具有计数功能，由计数指令控制的若干个计数器进行计数控制。

（4）步进控制：PLC 利用步进指令来实现多步的控制，只有前一步完成后，才能进行下一步操作，从而取代由硬件构成的步进控制器。

（5）A/D 和 D/A 转换：通过 A/D 和 D/A 模块完成对模拟量和数字量的转换。

（6）数据处理：PLC 能进行数据传送、比较、移位、数制转换、算术运算与逻辑运算以及编码和译码等操作。

（7）存储功能：PLC 具有较强的存储功能。PLC 的存储器件多采用 CMOS 器件，容量可从几 KB 到几 MB，程序存储器和部分数字存储器还具有掉电保护数据的功能。

（8）扩展功能：PLC 通过连接输入/输出扩展单元模块来增加输入/输出点数，也可通过增加智能或特殊功能模块来提高控制能力。

（9）监控功能：PLC 能监视系统各部分运行状态和进程，对系统中出现的异常情况进行报警和记录，甚至自动终止运行；也可在线调整、修改控制程序中的定时器、计数器等设定值或强制 I/O 状态。

（10）自诊断功能：PLC 可以在线诊断本系统的软硬件和生产过程的状况。

（11）通信和联网：PLC 采用通信技术，实现远程 I/O 控制和 PLC 之间的同级连接，以及构成 1 台计算机与多台 PLC 的"集中管理、分散控制"的分布控制网络，完成大规模的复杂控制。

（12）智能外围接口：大中型 PLC 有智能外围接口。这些接口具有独立的处理器和存储器，但只有某种特殊功能，例如，独立进行闭环调节，可用于温度控制、位置控制，也可用于连接显示终端、打印机等。有了智能外围接口，可以大大地增强 PLC 的控制能力。

1.3.2　可编程控制器的应用

随着可编程控制器性价比的不断提高，其应用越来越广泛。目前 PLC 广泛应用于机械、电力、纺织、汽车制造和化工设备等工业领域，其主要发挥的作用有：

1. 开关量逻辑控制

这是 PLC 最基本、最广泛的应用领域。PLC 完全取代了传统的继电器控制等顺序控制装置，既能实现单机控制，又可用于多机群控，广泛地应用于机床、机械手、冲压、包装机械、铸造机械、运输带、电梯的控制；化工系统中各种泵和电磁阀的控制；冶金领域的高炉上料系统、轧机、连铸机、飞剪的控制；还应用于电镀生产线、汽车装配生产线、饮料灌装生产线等控制。

2. 运动控制

配合 PLC 使用的专用智能模块，可以对步进电动机或伺服电动机的单轴或多轴系统实现位置控制。在多数情况下，PLC 把描述目标位置的数据传送给模块，模块驱动轴系运动到目标位置。当每个轴转动时，位置控制模块使其保持适当的速度或加速度，确保运动平滑。

3. 过程控制

过程控制是指对温度、压力、流量等连续变化的模拟量的闭环控制。PLC 通过模拟量 I/O 模块，实现模拟量和数字量之间的 A/D 转换和 D/A 转换，并对模拟量实现 PID 控制。现代的大中型 PLC 一般都有 PID 闭环控制功能，这一功能可以用 PID 子程序或专用的 PID 模块来实现。控制过程中某一个被控制量出现偏差时，PLC 按照 PID 控制算法计算出正确的输出，使输出变量保持在设定值上。PLC 的过程控制功能已经广泛地应用于塑料挤压成形机、加热炉、热处理炉、锅炉等设备，涉及轻工、化工、机械、冶金、电力、建材等行业。

4. 数据处理

现代的 PLC 具有数学运算、数据传送、转换、排序和查表等功能，可完成数据的采集、分析和处理。这些数据可以与储存在存储器中的参考值比较，也可以用通信功能传送到别的智能装置或打印制表。数据处理一般用于大型控制系统，如无人柔性制造系统，也可以用于过程控制系统，如造纸、冶金、食品工业等大型控制系统。

5. 机床的数字控制

PLC 和计算机数控（CNC）装置组合成一体（PLC+CNC），可以实现数字控制，组成数控机床。预计今后几年 CNC 系统将变成以 PLC 为主体的控制和管理系统。

6. 机器人控制

随着工厂自动化程度的提高，机器人的应用越来越广泛，PLC 被用于控制机器人。德国西门子公司制造的机器人，就采用该公司自己生产的 16bit PLC 进行控制。1 套控制系统可对具有 3～6 轴的机器人进行控制，自动地处理其机械运作。

7. 通信联网

近年来，随着计算机网络和控制技术的发展，工厂自动化（FA）网络系统正在兴起。通过网络系统，PLC 可与远程 I/O 进行通信，多台 PLC 之间，以及 PLC 和其他智能设备（如计算机、变频器、数控装置等）之间也可相互通信，从而构成多级分布式控制系统。

1.4 可编程控制器的分类与特点

1.4.1 可编程控制器的分类

可编程控制器发展迅速，如今全世界有几百家工厂正在生产几千种不同规格和型号的 PLC。通常 PLC 可按以下 3 种方法分类。

1. 按结构形式分类

PLC 按结构形式可分为整体式和模块式两种。

（1）整体式 PLC 是把其各组成部分安装在一块或少数几块印刷电路板上，并连同电源一起装在机壳内形成一个整体，称为主机。其特点是简单紧凑、体积较小、价格较低，通常小型或超小型 PLC 常采用这种结构。整体式 PLC 的主机可通过电缆与 I/O 扩展模块、智能模块（如 A/D、D/A 模块）等相连接。

（2）模块式 PLC 是把其各基本组成部分做成独立的模块，如 CPU 模块（包含存储器）、输入模块、输出模块、电源模块等，然后用类似于搭积木的方法组装在带插槽的标准机架内。通常大中型 PLC 常采用这种结构。用户可根据需要灵活且方便地将 I/O 扩展、A/D 和 D/A、各种智能、特殊功能及链接等模块，插入机架底板的插槽中，组合成不同功能的控制系统。这种结构的特点是，对现场的应变能力强，而且系统各部件的插拔形式十分便于维修。

2. 按 I/O 点数及内存容量分类

PLC 按 I/O 点数和内存容量可大致分为超小型机、小型机、中型机、大型机。

（1）超小型机的 I/O 点数在 64 以内，内存容量在 256～1 KB。

（2）小型机的 I/O 点数在 64～256，内存容量在 1～3.6 KB。

（3）中型机的 I/O 点数在 256～2048，内存容量在 3.6～13 KB。

（4）大型机的 I/O 点数在 2048 以上，内存容量在 13 KB 以上。

3. 按功能分类

PLC 按所具有功能可分为高、中、低三档。

（1）低档机具有逻辑运算、定时、计数、移位及自诊断、监控等基本功能，有些还有少量模拟量 I/O（即 A/D、D/A 转换）、算术运算、数据传送、远程 I/O 和通信等功能。低档机常用于开关量控制、定时/计数控制、顺序控制，以及少量模拟量控制等场合。

（2）中档机不仅有低档机的功能，还有较强的模拟量 I/O、算术运算、数据传送与比较、数制转换、子程序、远程 I/O，以及通信联网等功能。某些中档机还有中断控制、PID 回路控制等功能，适用于既有开关量又有模拟量的较复杂控制系统，如过程控制、位置控制等。

（3）高档机除具有一般中档机的功能外，还具有较强的数据处理、模拟调节、特殊功能函数运算、监视、记录、打印等功能，以及更强的通信联网、中断控制、智能控制、过程控制等功能。高档机可用于大规模的过程控制，形成分布式控制系统，实现整个工厂的自动化。

1.4.2 可编程控制器的特点

PLC 的规格型号虽然千差万别，但都有一些共同的特点，如下所述。

1. 编程简单并具有很好的柔性

PLC 继承了继电器控制电路清晰、直观的特点，充分考虑电气工人和技术人员的读图习惯，采用面向控制过程和操作者的"自然语言"——梯形图为编程语言，形象、直观，容易学习和掌握，对于小型和超小型 PLC 机而言，几乎不需要专门的计算机知识，特别适合现场工程技术人员，使编程变得非常简单。PLC 控制系统采用软件编程来实现控制功能，其外围只需将信号输入设备（按钮、开关等）和接收输出信号执行控制任务的输出设备（如接触器、电磁阀等执行元件）与 PLC 的输入/输出端子相连接，安装简单、工作量少。当生产工艺流程改变或生产线设备更新时，不必改变 PLC 硬设备，只需改编程序和重新布线即可，灵活、方便，具有很强的"柔性"。

2. 功能完善、实用性强

现代 PLC 所具有的功能及其各种扩展模块、智能模块和特殊功能模块，可以方便、灵活地组合成各种不同规模和要求的控制系统，以适应各种工业控制的需要。

3. 可靠性高、抗干扰能力强

为了保证 PLC 能在工业环境下可靠工作，设计和生产过程中采取了一系列硬件和软件的抗干扰措施，主要有以下几个方面。

（1）隔离，是抗干扰的主要措施之一。PLC 的输入/输出接口电路一般用光电耦合器来传递信号，这种光电隔离措施，使内外电路间避免了电的联系，可有效地抑制外部干扰源对 PLC 的影响，同时防止外部高电压串入，减少故障和误动作。

（2）滤波，是抗干扰的另一主要措施。在 PLC 的电源电路和输入/输出电路中设置了多种滤波电路，用以对高频干扰信号进行有效抑制。

（3）对 PLC 的内部电源采取了屏蔽、稳压、保护等措施，以减少外界干扰，保证供电质量。另外，输入/输出接口电路的电源彼此独立，以避免电源间的干扰。

（4）利用系统软件定期进行系统状态、用户程序、工作环境和故障检测，并采取信息保护和恢复措施。

（5）内部设置连锁、环境检测与诊断、Watchdog（"看门狗"）等电路，一旦发现故障或程序执行时间超过了警戒时钟 WDT 的规定时间（预示程序进入了死循环），立即报警。

（6）对用户程序和动态工作数据进行电池后备，以保障停电后有关状态或信息不丢失。

（7）采用密封、防尘、抗震的外壳封装结构，以适应工作现场的恶劣环境。

4. 体积小、重量轻、功耗低

PLC 是专为工业控制而设计的，其结构紧密、坚固、体积小巧，易于装入机械设备内部，因此是实现机电一体化的理想控制设备。

5. 机电一体化

为使工业生产过程的控制更平稳、更可靠，向优质高产低耗要效益，对过程控制设备和装置提出了机电一体化——仪表、电子、计算机综合的要求，而 PLC 正是这一要求的产物。PLC 是专门为工业过程控制而设计的控制设备，机械与电气部件被有机地结合在这一个设备内，其把仪表、电子和计算机的功能综合在一起。因此，PLC 是当今数控技术、工业机器人、过程流程控制等领域的主要控制设备，同时，PLC 也成为工业自动化三大支柱（PLC、机器人、CAD/CAM）之一。

1.5　可编程控制器的发展趋势

20 世纪 90 年代中期，PLC 技术面临软 PLC 和 PC 控制技术的挑战，为此曾有人预言它将逐渐退出自动化的历史舞台。事实与此恰恰相反，过去几年来超小型和小型 PLC 的性能极大提高、产量大幅增长；高端 PLC 尽管受到 PC 控制和最近几年出现的 PAC 的频频挑战，但根据自身技术和产品的发展需要，通过全面引入计算机新技术和信息技术，PLC 在工业控制中的核心地位依然不可动摇。

进入 21 世纪后，整体而言 PLC 仍呈现全方位发展的态势，以期更好地满足工业生产、管理及经营系统不断追求降低成本、快速响应、综合和整体高效，从而增强产品竞争力的要求。PLC 在工业控制领域长盛不衰，首先得益于它方便而有效地为工控 85% 以上的需求，提供了解决方案。

PLC 发展趋势呈现以下四个方面：

1. 产品规格向两极发展

其一，小型和超小型 PLC 的功能逐渐增强，性价比逐渐提高，从而可满足单机及小型自动控制的需要。其二，大型 PLC 向高速度、大容量、技术完善的方向发展。随着复杂系统控制的要求越来越高和微处理器与计算机技术的不断发展，对 PLC 的信息处理速度要求也越来越高，要求用户存储器容量也越来越大。

2. 向网络化、功能模块化、无线化发展

随着多种控制设备协同工作的迫切需求，对 PLC 的 Ethernet 扩展功能以及进一步兼容 Web 技术提出了更高的要求。通过集成 Web Server，用户无需亲临现场，即可通过 Internet 浏览器随时查看 PLC 状态、过程变量以图形化方式进行显示。工业网络已经不再是初期的奢侈品，而是现代工业控制系统的基础，这代表着以 PLC 为代表的控制系统正在从基于控制的网络，发展成为基于网络的控制。

为满足工业自动化各种控制系统的需要，近年来，PLC 厂家先后开发了很多新器件和模块，如智能 I/O 模块、温度控制模块和专门用于检测 PLC 外部故障的专用智能模块等，这些模块的开发和应用不仅增强了功能，扩展了 PLC 的应用范围，还提高了系统的可靠性。

无线网络技术的发展，引发了新一代 PLC 硬件革命，输入/输出部分与 PLC 分离，通过无线网络与 PLC 以一种新标准的工业信号连接，这样的 PLC 将回归"可编程逻辑过程控制"本质功能。未来，PLC 与智能手机的互联，甚至配置 WIFI，更会带来工业现场的无线化变革。

3. 编程软件简单化、平台化

对于编程软件，用户希望 PLC 厂家能够提供全面的视图大小调整方式，并可以灵活地自定义界面上的布局，以及在软件上添加帮助提示功能，当使用不熟悉的功能，能够提供有效的帮助，提高编程的效率。

简易编程、软件互通，呼唤的是软件的一体化和平台化。只有当 PLC 的软件出现类似于微软视窗那样的突破，才能说是开创了一个全新的 PLC 时代。在硬件主导市场的自动化领域，已经可以看到跨硬件的一体化设计软件，这是软件平台化的开端，随着软件价值在自动化系统中的提升，未来真正的自动化平台化软件或可预期。

4. 知识产权保护功能逐渐增强

如今，越来越多的企业正计划将其所有自动化控制设备逐步连接到企业范围内的信息系统中去。利用 PLC 的 Web 功能，不但可以从任何地方监控控制系统的运行状况，而且还可以像查阅手册一样获取所需要的任何数据信息。当然，如果用户正在着手将其控制系统连接到 Internet，则必须考虑应用的安全性。随着 PLC 技术的深入发展，各厂商专有技术保护措施也会越来越全面，下一代 PLC 将有望实现特有的加密算法和防拷贝功能，以保护专利技术不外泄和被盗。

可编程控制器的组成和工作原理

台达 ES/EX/SS 系列 PLC 应用技术（第二版）

PLC 在现代工业各个领域的作用已经得到充分发挥，而在应用 PLC 前，首先应当了解其基本结构和工作原理。PLC 虽然种类繁多，但其基本组成和工作原理大致相同。可编程控制器实质就是一种工业控制专用计算机，其系统组成与微机虽有不同，但总体相似。PLC 一般由中央处理器 CPU 模块、存储器、输入/输出模块、电源模块和编程器（编程软件）五个部分组成。

2.1 PLC的系统结构

PLC 是以微处理器为核心的电子系统，虽然各厂家产品种类繁多，功能和指令系统存在一定差异，但结构和工作原理大同小异。PLC 一般由中央处理器 CPU 模块、存储器、输入/输出模块、电源模块和编程器等部分组成，如图 2-1 所示。如果把 PLC 本身看成一个系统，外部的各种开关信号均作为 PLC 的输入变量，它们经 PLC 的输入接口输入到内部数据寄存器，然后在 PLC 内部进行逻辑运算或数据处理后，以输出变量的形式送到输出接口，从而驱动输出设备进行各种控制。

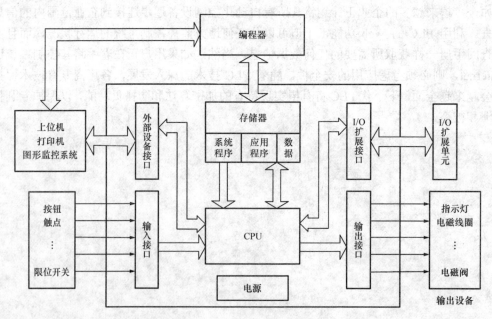

图 2-1　PLC 硬件系统结构图

2.2　PLC基本组成

2.2.1　中央处理器 CPU 模块

中央处理器 CPU 模块是进行逻辑和数学运算、控制整个系统协调地工作的核心部件,由运算器、控制器和寄存器等组成,并集成在一块芯片上。运算器是执行算数运算和逻辑运算的部件,控制器是用来控制 CPU 的工作部件,寄存器用来保存参加运算的操作数和中间结果。CPU 通过地址总线、数据总线和控制总线与存储器、输入/输出接口、外部设备接口及 I/O 扩展接口电路连接。

PLC 中使用的 CPU 部件主要有通用微处理器、单片机和双极型电路位片式微处理器 3 种类型。不同厂家生产的 PLC 可能使用不同的 CPU,使用该种 CPU 的指令系统编写出 PLC 的系统程序,并固化到只读存储器 ROM 中。CPU 运行 PLC 系统程序时,将用户程序和数据,存入随机存储器 RAM 中,并按扫描方式工作。从第一条用户程序开始,到最后一条用户程序,不停地周期性地扫描,每扫描一次,用户程序就被执行一次。

一般情况下,小型 PLC 采用 8 位或 16 位微处理器。中型 PLC 采用 16 位或 32 位微处理器,甚至具有双微处理器系统,一个是 16 位或 32 位字处理器,另一个是位处理器,也称布尔处理器。字处理器是主处理器,它的功能是处理字节操作指令,控制系统总线、内部计数器、内部定时器,监视扫描时间,统一管理操作接口,协调微处理器和输入/输出。位处理器也称从处理器,其主要作用是处理位操作指令。大型 PLC 多采用高速位片式处理器,具有灵活性强、运算速度快、效率高等特点。还有一些 PLC 采用冗余技术,其具有 2 个或多个 CPU,若正在运行的 CPU 出现问题,无法继续工作时,另 1 个 CPU 立即启动,这样系统继续运行。

CPU 的功能有如下几点:

(1)接收并存储从编程设备输入的用户程序和数据,以及通过 I/O 部件送来的现场数据。

(2)诊断 PLC 内部电路中的工作故障和编程中的语法错误。

(3)PLC 进入运行状态后,CPU 从存储器逐条读取用户指令,解释并按指令规定的任务进行数据传递、逻辑或算术运算,根据运算结果,更新有关标志位的状态和输出映像存储器的内容,再经输出部件实现输出控制。

CPU 的工作过程如下:

(1)读取指令。CPU 从地址总线上给出存储地址,从控制总线给出读命令,从数据总线上得到读出的指令,并存入 CPU 内的指令寄存器中。

(2)执行指令。对存放在指令寄存器中的指令操作码进行译码,执行指令规定的操作。例如,读取输入信号、取指令和操作数、进行逻辑运算或算术运算、将结果输出等。

(3)准备取下一条指令。CPU 执行完一条指令后,能够根据条件产生下一条指令的地址,以便读取和执行下一条指令。在 CPU 的控制下,程序指令既可以按顺序执行,又可以进行分支和跳转。

(4)中断处理。除了按顺序执行程序外,CPU 还能接收输入/输出接口发来的中断请求,中断处理完后,再返回到原址,继续顺序执行程序。

2.2.2　存储器

存储器用于存放系统程序、用户程序、逻辑变量和一些其他信息,可分为系统程序存储区和用户程序存储区。

1. 系统程序存储区

系统程序存储器用于存放 PLC 生产厂家编写的系统程序，并固化在 PROM 和 EPROM 存储器中和硬件组成相关，用户不能访问和修改，主要功能是完成系统诊断、命令解释、功能子程序调用管理、逻辑运算、通信和各种参数设定等功能。

2. 用户程序存储区

用户程序存储器可分为用户程序区、数据区和系统区三部分。用户程序区用于存放用户经编程器输入的程序。为了调试和修改方便，先把用户程序存放到 RAM 中，经过运行考核，修改完善，达到设计要求后，再把程序固化到 EPROM 中使用。数据区又分为工作数据区和保持数据区。工作数据区是 PLC 在工作过程中经常变化和存取的，这些数据经常存储在 RAM 中，以适应随时存取要求的存储区。在工作数据区，有输入/输出数据的映像区、计数器、定时器、辅助继电器等逻辑器件，这些数据是根据程序运行前的初始值和程序运行时的状况而确定的。保持数据区是根据需要，部分数据在停电时用后备电池维持现行状态，在掉电时保持数据的存储区。系统区是 CPU 组态数据的存储区，如输入/输出组态、输入滤波设置、脉冲捕捉、输出表配置、高速计数器配置及通信组态等。

2.2.3 输入/输出模块

输入/输出模块是 PLC 的 CPU 与输入/输出或其他外部装置的接口部件。

输入模块的信号形式可分为直流输入形式、交流输入形式和模拟量输入形式三种形式。输入模块将现场的输入信号经过接口电路的转换，变换为 CPU 能接受和识别的电压信号，送给 CPU 进行处理。为了滤除信号的噪声和便于 PLC 内部对信号的处理，输入模块还有滤波、电平转换和信号锁存电路。

PLC 的输出形式有开关量输出和模拟量输出两种形式。开关量输出又分为继电器输出、晶体管输出和晶闸管输出三种形式，模拟量输出又分为电压模拟输出和电流模拟输出两种形式。输出模块将 CPU 输出的控制信号进行放大和电平转换，驱动现场设备。输出模块配有输出锁存器、显示、电瓶转换和功率放大电路。

2.2.4 电源模块

电源模块包括系统电源、备用电源和掉电保护电源等。PLC 的电源模块将交流电源转换成供 CPU、存储器等所需的直流电源，它的好坏直接影响到 PLC 的性能和可靠性。目前，大多数 PLC 采用高品质的开关稳压电源，其工作稳定性好、抗干扰能力强。有的电源模块还向外提供 24V 隔离直流电源，可供开关量输入单元连接的现场无源开关等使用。电源模块还包括掉电保护电路和后备电池电源，以保持 RAM 在外部电源断电后存储的内容不丢失。

2.2.5 编程器和编程软件

1. 编程器

编程器是 PLC 的重要外部设备，用来将用户指令功能通过编程语言送给 PLC。编程器由 PLC 生产厂家提供给用户进行程序编制、修改、调试和监控等，同时也是用户与 PLC 之间进行人机对话的接口。编程器可分为简易编程器和智能编程器。简易编程器只能联机编程，往往需要将梯形图转化为语句表达式；智能编程器又称为图形编程器，可以联机又可以脱机编程，具有 LCD 或 CRT 图形显示功能，可直接输入梯形图和通过屏幕对话。

简易编程器不能直接输入和编辑梯形图程序，只能输入和编辑语句指令程序，所以又叫做指令编程器。有的简易编程器用发光二极管显示指令的种类，用七段显示器显示存储器地址和编程元件的编号，指令和有关数字用按键输入。有的类指令编程器用发光二极管或者液晶点阵式显示器直接显示出英文字母表示指令符。简易编程器体积小，可以直接插在 PLC 的编程器插座上，或者用专用电缆与 PLC 相连，价格一般比较便宜，用于给小型 PLC 编程或者用于 PLC 控制系统的现场编程和调试。

智能编程器又叫做图形编程器。使用简易编程器需要将梯形图翻译成语句指令表来输入语句指令，再用按键将语句指令键入到 PLC 中。图形编程器可以直接将梯形图输入 PLC 中，使用起来方便、直观，但价格较高，操作也比较复杂。图形编程器大多是便携式专用计算机，可以在线或离线编程。可将用户程序存储到编程器的存储器中，也可以将存储器写到专用的 EPROM 存储卡中。

2. 编程软件

随着计算机技术的不断发展，尤其是笔记本电脑的日益普及，PLC 生产厂家又相继开发了计算机辅助编程软件。

利用计算机进行编程越来越普遍。采用笔记本电脑进行现场调试和检测变得非常方便和有效。可见，传统的编程器将逐步被功能强大的 PC 机所取代，许多 PLC 厂家向用户提供编程软件和相应的硬件接口装置，而由用户使用价格较便宜、使用范围广、功能强大的通用个人计算机。使用个人计算机开发 PLC 应用程序的功能是十分强大的，它可以编辑、修改 PLC 的梯形图程序、监视系统运行采集分析数据，作为实时彩色图形操作器和文字处理器，对工业现场监控和仿真，将程序存储到硬盘上，实现计算机和 PLC 之间的程序相互传送。

PLC 开发系统的软件包括以下几个部分。

（1）编程软件。

编程软件是 PLC 程序开发软件包中最基本的软件，它包括编辑、生成、存储，打印梯形图程序和其他程序，能通过在梯形图中添加注释，解释程序功能，使程序容易阅读和理解。

（2）实时操作接口软件。

这类软件利用计算机提供实时操作人机接口装置，用来监控系统的运行和状态，并通过显示器告诉操作人员系统的状况和各种报警信息。

（3）数据采集和分析软件。

这类软件已经应用得十分普遍，可以采集一个或者多个连接到个人计算机的 PLC 采集数据，应用各种方法分析这些数据，并将结果实时显示。

（4）仿真软件。

许多领域已经运用仿真软件来模拟现场运行环境，可以用最小的代价获得最大的收益，仿真软件允许对现有的系统进行有效的检测、分析和调试，允许系统设计人员在测控系统实时建立前反复对系统运行状况进行模拟，这样可以及时发现问题，并进行反复地修改。仿真软件可以缩短开发、安装和调试的周期，避免不必要的浪费和因设计不当造成的损失。

2.3　PLC的内部装置

PLC 内部装置的种类及数量随各厂产品而不同。内部装置虽然沿用了传统电气控制电路中的继电器、线圈及触点等名称，但 PLC 内部并不存在这些实际物理装置，而是 PLC 内部记忆体的一个基本单元（一个位，bit），若该位为 1 表示该线圈受电，该位为 0 表示线圈不受电，使用动合触点即直接读取该对应位的值，若使用动断触点则取该对应位值的反相。多个继电器将占有多个位，8 个位组成一个位元组（Byte），两个位元组称为一个字（Word），两个字组合成双字（Double word）。当多个继电器同时需要处理时（如加减法、移位等）则可使用位元组、字或双字。

PLC 内部的其他两种装置——定时器和计数器，它们不仅有线圈，而且还有定时值和计数值。因此还要进行一些数值的处理，这些数值多属于位元组、字或双字的形式。

以上所述，各种内部装置，在 PLC 内部的数值储存区，各自占有一定数量的储存单元，当使用这些装置，实际上就是对相应的储存内容以位元或位元组或字的形式进行读取。

（1）输入继电器。

输入继电器是 PLC 的外部输入端子对应的内部记忆体储存基本单元。由外部输入信号驱动，使其为 0 或 1。用程序设计的方法不能改变输入继电器的状态，即不能对输入继电器对应的基本单元改写，也无法由编程器或编程软件做强行 On/Off 动作。其触点可无限次使用。无输入信号的输入继电器只能空着，不能移作他用。

（2）输出继电器。

输出继电器是 PLC 及外部输出端子对应的内部记忆体储存基本单元。可由输入继电器触点、内部其他装置的触点以及自身的触点驱动。使用一个动合触点接通外部负载，其他触点，也可无限次使用。无输出对应的输出继电器，一般是空着的，如果需要，它可以当做内部继电器使用。

（3）内部辅助继电器。

内部辅助继电器与外部没有直接联系，它是 PLC 内部的一种辅助继电器，其功能与电气控制电路中的中间继电器一样，每个辅助继电器也对应着记忆体的基本单元，可由输入继电器触点、输出继电器触点以及其他内部装置的触点驱动，也可无限次使用。内部辅助继电器无对外输出，要输出时必须通过输出触点。

（4）步进点。

台达 PLC 提供一种属于步进动作的控制程序输入方式，利用指令 STL 控制步进点 S 的转移，便可以很容易写出控制程序。如果程序中完全没有使用到步进程序，步进点 S 可被当成内部辅助继电器 M 来使用，也可当成警报点使用。

（5）定时器。

定时器用来完成定时的控制。定时器含有线圈、触点及定时值寄存器。当线圈受电，等到预定时间，其触点便动作，即动合触点闭合、动断触点断开。定时器的定时值由设定值给定。每种定时器都有规定的计时单位：1ms/10ms/100ms。若线圈断电，则触点不动作或恢复，原定时值归零。

（6）计数器。

计数器用来实现计数操作。使用计数器要事先给定设定值（即要计数的脉冲数）。计数器含有线圈、触点及计数值寄存器。当线圈由 Off→On 时，即有一脉冲输入，其计数值加一，当计数值达到设定值时，计数器的触点就动作，即动合触点闭合、动断触点断开。若线圈断电，则触点不动作或恢复，原计数值归零。PLC 还有 16 位与 32 位高速用计数器，可进行高速计数。

（7）资料寄存器。

PLC 在进行各类顺序控制及与定时值、计数值有关控制时，常常要作资料处理和数值运算，而资料寄存器就是专门用于储存资料或各类参数。每个资料寄存器内有 16 位元二进位数字值，即存有一个字，处理双字用相邻编号的两个资料寄存器。

（8）间接指定寄存器。

间接指定寄存器与一般的资料寄存器一样的都是 16 位元的资料寄存器，可以自由的被写入及读出，可用于字元装置、位元装置及常量做间接指定功能。

2.4　PLC的工作原理

2.4.1　PLC 的基本原理

PLC 工作原理虽然与工业计算机相似，但在应用时，可不必用计算机的知识去做深入分析，而只需将 PLC 看成由继电器、定时器、计数器等组成的控制系统，可以将 PLC 等效成输入部分、逻辑控制部分和输出部分。PLC 的输入部分需要将输入电压或电流信号转换成 PLC 内部可以接收的电平信号，即添加输入模块。PLC 的逻辑控制部分由 CPU 和存储器等组成，要将逻辑部分输出的电平信号转换成外部器件所需要的电压或电流，输出部分要添加输出模块，PLC 按照事先由编程器编制的控制程序，扫描各输入端的状态，逐条扫描用户程序，最后的输出将驱动外部的电器，达到控制的目的。

2.4.2　PLC 的工作过程

最初研制生产的 PLC 主要用于替代传统的由继电器、接触器构成的控制装置，但是这两者的运行方式是不相同的：继电器控制装置采用硬逻辑并行运行方式，即如果一个继电器的线圈通电或断电，该继电器的所有触点（包括它的动合触点或动断触点）不论在继电器控制线路的哪个位置上都会立即同时动作，然而 PLC 的 CPU 则采用顺序逐条地扫描用户程序的运行方式，即如果一个输出线圈或逻辑线圈被接通或断开，该线圈的所有触点（包括它的动合触点或动断触点）不会立即动作，必须等扫描到该触点时才会动作。为了消除两者之间由于运行方式不同而造成的这种差异，考虑到继电器控制装置中各类触点的动作时间一般在 100 ms 以上，而 PLC 扫描用户程序的时间一般均小于 100ms，因此，PLC 采用了一种不同于一般微型计算机的运行方式——扫描技术。这样，对于 I/O 响应要求不高的场合，PLC 与继电器控制装置在 I/O 的处理结果上就没有什么差别了。

当 PLC 运行时，内部要进行一系列操作，大致可分为四大类，即以故障诊断、通信处理为主的公共操作，联系工业现场的数据输入和输出操作，执行用户程序的操作和服务于外部设备的操作（如果外部设备有中断请求）。

PLC 采用扫描方式工作。当 PLC 运行时用户程序中有许多操作需要执行，但 CPU 在同一时刻只能处理一件事情，它只能按照分时操作原理，即每一时刻只能做一件事情。由于 PLC 具有很高的运算处理速度，使得外部看起来好像是在同时处理多个事情。扫描从起始地址存放的第一条用户程序开始，在无中断或跳转的情况下，按存储地址号逐条扫描用户程序，直到程序结束。每次扫描完一次程序就构成一个扫描周期，然后再从头开始扫描，周而复始。

1. 扫描技术

当 PLC 投入运行后，其工作过程一般分为三个阶段进行，即输入采样、用户程序执行和输出刷新三个阶段。完成上述三个阶段称为一个扫描周期。在整个运行期间，PLC 的 CPU 以一定的扫描速度重复执行上述三个阶段，如图 2-2 所示。

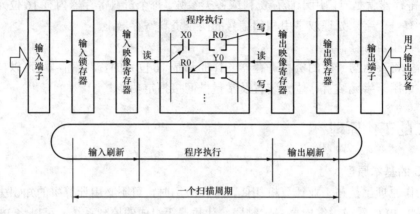

图 2-2　PLC 的扫描运行方式

（1）输入采样阶段。

在输入采样阶段，PLC 以扫描方式依次地读入所有输入状态和数据，并将它们存入 I/O 映像区中的相应单元内。输入采样结束后，转入用户程序执行和输出刷新阶段。在这两个阶段中，即使输入状态和数据发生变化，I/O 映像区中的相应单元的状态和数据也不会改变。因此，如果输入是脉冲信号，则该脉冲信号的宽度必须大于一个扫描周期，才能保证在任何情况下，该输入均能被读入。

（2）用户程序执行阶段。

在用户程序执行阶段，PLC 的 CPU 总是按由上而下的顺序依次地扫描用户程序（梯形图）。在扫描每一条梯形图时，又总是先扫描梯形图左边的由各触点构成的控制线路，并按先左后右、先上后下的顺序对由触点构成的控制线路进行逻辑运算，然后根据逻辑运算的结果，刷新该逻辑线圈在系统 RAM 存储区中对应单元的状态，或者刷新该输出线圈在 I/O 映像区中对应单元的状态，或者确定是否要执行该梯形图所规定的特殊功能指令，如算术运算、数据处理、数据传送等。

这就是说，在用户程序执行过程中，只有各开关量输入和模拟量输入在 I/O 映像区内的状态和数据不会发生变化，而其他各软设备在 I/O 映像区或系统 RAM 存储区内的状态和数据都有可能发生变化。也就是说，在用户程序执行过程中，只有地址为开关量的输入触点的状态和模拟量输入的数据始终不变，即与该触点或数据在用户程序中的位置无关；而其他软设备触点的状态或数据与其在用户程序中的位置有关，排在上面的梯形图，其被刷新的逻辑线圈或输出线圈的状态或数据会对排在其下面的凡是用到这些线圈的触点或数据的梯形图起作用；相反，排在下面的梯形图，其被刷新的逻辑线圈或输出线圈的状态或数据只能到下一个扫描周期才能对排在其上面的凡是用到这些线圈的触点或数据的梯形图起作用。

（3）输出刷新阶段。

当扫描用户程序结束后，PLC 就进入输出刷新阶段。在此期间，CPU 按照 I/O 映像区内对应的状态和数据刷新所有的输出锁存电路，再经输出电路驱动相应的外设。这时，才是 PLC 的真正输出。

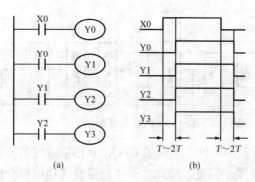

图 2-3　扫描梯形图和时序图（一）

(a) 梯形图；(b) 时序图

例如，在图 2-3 中，假设在输入采样前，输入端 X0 已经闭合。在输入采样阶段，将 I/O 映像区内 X0 对应的位置 1；在用户程序执行阶段，扫描第一条梯形图的结果，将输出线圈 Y0 在 I/O 映像区内对应的位置 1，由于各梯形图的控制线路均由排在其上面的输出线圈的动合触点构成，因此，在同一个用户程序执行阶段中，扫描下面各条梯形图的结果，输出线圈 Y1、Y2 和 Y3 在 I/O 映像区内对应的位也置 1；这样，在同一个输出刷新阶段，输出端 Y0、Y1、Y2 和 Y3 都闭合。同样，当输入端 X0 断开时，在同一个输出刷新阶段，输出端 Y0、Y1、Y2 和 Y3 都断开。输入端 X0 和输出端 Y0、Y1、Y2 和 Y3 的波形如图 2-3（b）所示，图中 T 为扫描周期。

而在图 2-4 中，假设在第 n 个扫描周期的输入采样前，输入端 X0 已经闭合，在第 n 个扫描周期的输入采样阶段，将 I/O 映像区内 X0 对应的位置 1；在该扫描周期的用户程序执行阶段，由于前三条梯形图的控制线路均由排在其后面的输出线圈的动合触点构成，此时，各输出线圈在 I/O 映像区内的状态均为 0，因此，扫描前三条梯形图的结果，将输出线圈 Y3、Y2 和 Y1 在 I/O 映像区内对应的位置为 0，扫描第四条梯形图，动合触点 X0 闭合，因此，将输出线圈 Y0 在 I/O 映像区内对应的位置为 1；在该扫描周期的输出刷新阶段，输出端 Y1、Y2 和 Y3 均断开，只有输出端 Y0 闭合。在第 $n+1$ 个扫描周期的用户程序执行阶段，扫描前两条梯形图的结果，输出线圈 Y3 和 Y2 在 I/O 映像区内对应的仍为 0，扫描第三条梯形图，动合触点 Y0 闭合。因此，将输出线圈 Y1 在 I/O 映像区内对应的位置为 1，扫描第四条梯形图的结果，输出线圈 Y0 在 I/O 映像区内对应位的状态仍为 1，在该扫描周期的输出刷新阶段，输出端 Y2 和 Y3 断开，输出端 Y1 和 Y0 闭合。依次地，在第 $n+2$ 个扫描周期的输出刷新阶段，输出端 Y3 断开，输出端 Y2、Y1 和 Y0 闭合；在第 $n+3$ 个扫描周期的输出刷新阶段，上述各输出端才全部闭合。同样，当输入端 X0 断开后，上述各输出端也依次间隔 1 个扫描周期地逐个断开。输入端 X0 和输出端 Y0、Y1、Y2 和 Y3 的波形如图 2-4（b）所示，其中 T 为扫描周期。

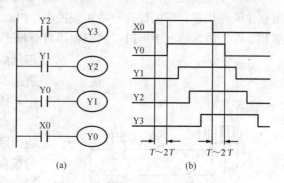

图 2-4　扫描梯形图和时序图（二）

(a) 梯形图；(b) 时序图

2．扫描周期的时间

一般来说，PLC 的扫描周期包括输入采样、用户程序执行和输出刷新三个阶段。但是严格来说，扫描周期还应该包括自诊断、通信等，如图 2-5 所示，即一个扫描周期等于自诊断、通信、输入采样、用户程序执行、输出刷新等所有时间的总和。

一般来说，同型号的 PLC，其自诊断所需的时间相同。通信时间的长短与连接的外设多少有关系。相同的 PLC，其输入采样和输出刷新所需的时间取决于其 I/O 点数。扫描用户程序所需的时间涉及的因素较多，它与 PLC 的扫描速度及用户程序的长短密切有关，二者的乘

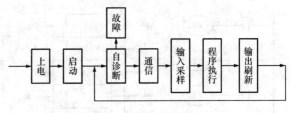

图 2-5　PLC 扫描周期

积就是扫描用户程序（仅考虑基本逻辑指令）所需的时间。不同的 CPU，其扫描速度各不相同。用户程序的长短则取决于控制对象的复杂程度。但是，除此之外，扫描特殊功能指令的时间远远超过扫描基本逻辑运算指令所需的时间，而且不同的特殊功能指令、相同的特殊功能指令但不同的逻辑控制条件，其扫描所需要的时间都不相同。因此还必须考虑用户程序中是否含有特殊功能指令。

3．PLC 的 I/O 响应时间

为了增强 PLC 的抗干扰能力，提高其可靠性，PLC 的每个开关量输入端都采用光电隔离和 RC 滤波器等技术，其中 RC 滤波器的滤波时间常数一般为 10~20ms，为了能实现继电器控制线路的硬逻辑并行控制，PLC 采用了不同于一般微型计算机的运行方式（即扫描技术）。以上两个主要原因，使得 PLC 的 I/O 响应比一般微型计算机构成的工业控制系统慢得多。其响应时间至少等于一个扫描周期，一般均大于一个扫描周期，甚至更长。

2.5　可编程控制器的编程方式

PLC 是为工业控制而开发的控制装置，PLC 产品的主要使用者是广大电气工程师，为了满足传统的继电器使用模式，一般采用下列编程方式。

PLC 的优点之一就是采用"软"继电器（编程元件）代替"硬"继电器（实际元件），用软件编程代替传统的硬件布线实现控制。PLC 的编程语言面向被控对象、操作者，易于理解和掌握。通常情况下，PLC 的编程语言有梯形图语言、指令符语言、顺序功能图语言、布尔代数语言等，为增强数据运算和通信联网功能，有些 PLC 还可用 BASIC 等高级语言进行编程。其中，梯形图和指令符语言最常用。

必须指出，因为 PLC 的设计和生产尚无统一的国际或国家标准，所以各厂家的 PLC 产品使用的编程语言及编程语言中所采用的符号也不尽相同。

下面以常见的三相异步电动机直接启动控制电路（见图 2-6）为例，采用 PLC 编程实现控制。

首先应确定输入量和输出量，以便分配 PLC 的输入/输出端与之对应（即进行 I/O 分配）。从图 2-6 中可以看到 SB1、SB2 分别是启动按钮和停止按钮，用于控制接触器 KM 接通或断开，从而启动

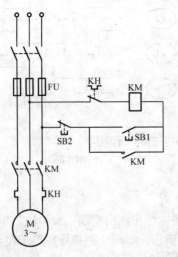

图 2-6　三相异步电动机直接启动控制电路

或停止电动机的运行。因此，SB1、SB2 为输入量，KM 为输出量。

　　图 2-7 是用 PLC 实现直接启动控制的外部接线示意图，启动按钮 SB1 和停止按钮 SB2 作为输入设备分别与 PLC 的输入端 X0、X1 相连；接触器 KM 的线圈作为输出设备与 PLC 的输出端 Y0 相连。图 2-8 为直接启动控制逻辑的程序，其中，图 2-8（a）为梯形图程序，图 2-8（b）为指令符程序。

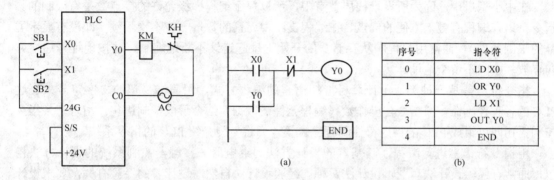

序号	指令符
0	LD X0
1	OR Y0
2	LD X1
3	OUT Y0
4	END

（a）　　　　　　　　　　（b）

图 2-7　PLC 实现直接启动控制的　　　　图 2-8　直接启动控制逻辑的程序
　　　　　外部接线图　　　　　　　　　　　（a）梯形图程序；（b）指令符程序

2.5.1　指令符语言编程

　　指令符语言，也可称为命令语句表达式语言。它与汇编语言非常相似，但并不是汇编语言。所谓指令符语言编程，是用一个或几个容易记忆的字符来代表可编程控制器的某种操作功能。每个生产厂家使用的指令符是各不相同的，因此，同一个梯形图，其书写的语句形式不尽相同。

　　语句的一般表达形式：语句是用户程序的基础单元，每个控制功能由一个或多个语句组成的用户程序来执行。每条语句是规定 CPU 如何动作的指令，它的作用和微机的指令一样。而且 PLC 的语句也是由操作码和操作数组成的，因此其表达式也和微机指令类似。

　　PLC 的语句为操作码＋操作数或操作码＋标识符＋参数。

　　其中操作码用来指定要执行的功能，告诉 CPU 该进行什么操作所必需的信息，告诉 CPU 用什么地方的东西来执行此操作。

　　操作数分配原则及其含义是操作数应该给 CPU 指明执行某一操作所需信息的所在地。所以操作数的分配必须注意以下几点。

　　（1）为了让 CPU 区别不同的编程元素，每个独立的元素应指定一个互不重复的参数。

　　（2）所指定的参数必须在该机器允许的范围内。

　　编程信息的来源是输入的现场信息和输出的反馈信息再加上一些解算的中间信息。它们都是与各种模板有关的，那操作数的参数模板所在的机架号，安放的槽号以及该信号在模板上的位置号。例如，某输入的动合触点┤├，常用五位数×××××表示该接点的寻址号，从左向右标起，可以这样分配：第 1 位是标志号，可以用 I 或 X 表示输入，O 或 Y 表示输出。R 或 M 表示中间寄存器、数据继电器等；第 2 位表示机架号，一般放置 CPU 的框架为 0 号，然后逐个连续排号；第 3 位表示存放该接点模板的槽号，槽号在框架中的排列一般从靠近 CPU 的槽号为 0 号，逐个连续排列；第 4、5 两位是该接点在模板内的排号，一般均以接线端子号 0～15 共 16 个端子排号。不同型号的 PLC 产品其操作码的表示方法虽有不同，但大同小异。

需要特别说明一点，操作数这样规定，但是当机器执行命令语句时，提取信息并不直接到操作参数所指的接线端子处，而是在数据存储器的某些特定区域，包括 I/O 映像区。只不过存储区地址号和位号，与模板所在的框架号、槽号及接点排号，即指令语句操作参数有一定关系罢了，这个关系的转换由系统程序处理。超出机器允许的操作参数，PLC 不予响应，并予以出错处理。

在中小型机中，因为所设堆栈层数有限，所以每个编程梯级允许的接点数是有限制的。指令符语言编程有键入方便的优点、在编程支路中元素的数量一般不受限额（即没有显示屏幕的限制条件）。通常用户程序从存储器的开始地址起连续不断地编制，并按地址号递增方向存放，中间不留空地址。

指令符语言是一种类似于计算机汇编语言的编程方式，用简洁易记的文字符号来表达 PLC 的各种控制命令。指令与操作数（编程元件或数据）结合形成控制语句。由若干条指令控制语句即可组成 PLC 的指令符控制程序。第 4 章将专门介绍 PLC 的指令系统。

用指令符语言进行编程，其基本的设计方法同继电器—接触器控制系统的设计方法相似，通常有经验设计法和逻辑设计法两种。经验设计法自然与设计者的经验有关，要求设计者有丰富的设计经验、熟悉比较多的控制线路等，尽管这样，在联锁比较复杂的情况下，也难免出现设计漏洞，理论上不能保证设计的完备性。逻辑设计法比较复杂，一般设计人员还是难以掌握的，虽然从理论上讲是完备的，但在实际设计过程中同样要渗进不少经验和人为的因素，尤其在步进动作比较复杂的情况下更是如此。因此，一般情况很少采用指令符语言直接编程。

2.5.2 梯形图语言编程

梯形图表达式是在原电器控制系统中常用的接触器、继电器梯形图基础上演变而来的，它与电气操作原理图相呼应。它的最大优点是形象、直观和实用，为广大电气技术人员所熟知，是 PLC 的主要编程语言。

PLC 的梯形图与电气控制系统梯形图的基本思想是一致的，只是在使用符号和表达方法上有一定区别。PLC 的梯形图使用的是内部继电器、定时器和计数器等，且都是由软件实现的，其主要特点是使用方便、修改灵活。这是传统的电气控制继电器梯形图的硬件接线所无法比拟的。

关于梯形图的格式，一般要求：每个梯形图网络由多个梯级组成，每个输出元素可构成一个梯级，每个梯级可由多个支路组成。通常每个支路可容纳 11 个编程元素，最右边的元素必须是输出元素。每个网络最多允许 16 条支路。简单的编程元素只占用一条支路（例如，动合/动断触点、继电器线圈等），有些编程元素要占用多条支路（例如，矩阵功能）。在用梯形图编程时，只能在一个梯级编制完成后才继续后面的程序编制。PC 的梯形图从上至下按行绘制，两侧的竖线类似电气控制图的电源线，每一行从左至右，左侧总是安排输入触点，并且把并联触点多的支路靠近最左端。输入触点不论是外部的按钮、行程开关，还是继电器触点。在图形符号上只用动合"⊣⊢"和动断"⊣/⊢"两种符号，而不计其物理属性。输出线圈用圆形或椭圆形表示。

关于 PLC 梯形图编程格式的特点我们可归纳成如下 6 点：

（1）梯形图格式中的继电器不是物理继电器，每个继电器和输入触点均为存储器中的一位。

（2）梯形图中流过的电流不是物理电流，而是"概念电流"，是用户程序解算中满足输出执行条件的形象表示方式。"概念电流"只能从左向右流动。

（3）梯形图中的继电器触点可在编制用户程序时无限引用，既可动合又可动断。

（4）梯形图中的用户逻辑解算结果，能立即为后面用户程序的解算所利用。

（5）梯形图中输入触点和输出线圈不是物理触点和线圈，用户程序的解算是根据 PLC 内 I/O 映像区每位的状态，而不是解算现场开关的实际状态。

（6）输出线圈只对应输出映像区的相应位，不能用该编程元素直接驱动现场机构。该位的状态必须通过 I/O 模板上对应的输出单元，才能驱动现场执行机构。

梯形图语言是在继电接触器控制原理图的基础上演变而来的一种图形语言，将 PLC 内部的各种编程元件（如输入继电器、输出继电器、内部继电器、定时器、计数器等）和命令用特定的图形符号和标注加以描述，并赋以一定的意义。梯形图就是按照控制逻辑的要求和连接规则将这些图形符号进行组合或排列所构成的表示 PLC 输入/输出之间逻辑关系的图形，具有清晰直观、可读性强的特点，是目前使用最多的一种编程方式。第 5 章和第 7 章将专门介绍 PLC 梯形图的编程方法和 PLC 梯形图编程软件的使用方法。

2.5.3　顺序功能图语言编程

顺序设计法或步进梯形图设计的概念是在继电器控制系统中形成的。步进梯形图是利用有触点的步进式选线器或鼓形控制器来实现的，但由于触点的磨损和接触不良，导致工作很不可靠。20 世纪 70 年代出现的控制器主要由分立元件和中小规模集成电路组成，因为其功能有限，可靠性不高，已经被可编程控制器替代。PLC 继承了前者的思想，为控制程序的编制提供了大量通用和专用的编程元件和指令，开发了供编制步进控制程序用的功能图语言（Sequential Function Chart，SFC）。

如今，顺序功能图是 IEC 1131-3 标准图形化编程语言中的一种，具有强大的描述顺序控制程序的功能，可对复杂的过程或操作进行由顶到底地辅助开发。SFC 允许一个复杂的问题逐层地分解为步和较小的能够被详细分析的顺序动作。因为 SFC 程序是分步执行的，又是从步进梯形图发展而来的，所以 PLC 中的顺序功能图有时仍称为步进梯形图，相应的指令称为步进梯形指令。采用 SFC 编程就是将整个控制过程分成若干步完成，每步又分若干动作完成，步与步之间通过一定的条件实现转移。

步进顺控指令的出现解决了采用指令符编程的困难，可以用符合 IEC 标准的步进顺控指令对问题进行描述和编程。用 SFC 进行编程，不需要对时刻变化的步进动作进行设计。SFC 还能自动进行步与步之间的互锁或双重输出。只要对各个步进行简单的顺序设计就能保证机械正确动作；同时，使用者也可以很容易理解全部动作过程，能自动执行对各个工序的监视，使得试运行调整以及故障检查非常方便，维修保养也容易。

步进梯形指令就是专门为顺序控制设计提供的指令，它的步只能用状态寄存器 S 来表示，某些状态寄存器有断电保持功能，在编制顺序控制程序时应与步进指令一起使用。状态寄存器必须用置位指令 SET 置位，这样才具有控制功能，状态寄存器 S 才能提供 STL 触点，否则状态寄存器 S 与一般的中间继电器 M 相同。在步进梯形图不同的步中，允许有双重输出，即允许有重号的负载输出，在步进触点结束时要用 RET 指令使后面的程序返回原母线。

用 SFC 进行顺序动作的编程是 SFC 最基本的用途，也是相对简单的，只需写出机械动作的工序图，进行状态分配，然后根据转移条件的顺序、并行或选择地画 SFC 图，再将 SFC

改画成梯形图就可以了。SFC 不仅可以用于对顺序的机械动作进行编程，还可以用于一般的逻辑编程，尤其是在分支判断比较复杂的情况下，采用 SFC 编程可使问题大大简化。例如，在电梯控制中，假如电梯正在上行，要判断下一层是否要停的流程，其中的逻辑判断是比较复杂的，若采用基本逻辑指令进行编程，则程序很复杂，包含很多跳转，程序的阅读、检查都很费劲，但若采用 SFC 编程则轻松多了。

在控制逻辑比较复杂的情况下，有时用一个 SFC 流程很难进行编程，这时可以在一个程序中使用多个独立的 SFC 流程，还可进行子程序调用等。在具有多个独立的 SFC 流程的程序中，一个 SFC 结束后可能返回本 SFC 的初始状态，也可能退出该 SFC 进入别的流程。对于要返回本 SFC 初始状态的情况则比较简单，当最后一个状态结束后置位输出其初始状态即可；对于要退出该 SFC 的情况，只需在最后一个状态结束后，清除该状态。

这种编程方法容易被初学者接受和掌握，对于有经验的工程师，也会提高设计效率，程序的调试、修改和阅读也很容易，使用方便，程序也较短，在顺序控制设计中应优先考虑，该方法在工业自动化控制中应用较多。

PLC 作为工业自动化的首选控制工具已广泛应用于各种控制场合，PLC 控制系统设计的主要问题是编程，在主流程中采用子程序调用、SFC 编程等方法可以使程序结构清晰，易于阅读及维护，尤其是 SFC 的使用可以大大减轻编程的工作量，缩短系统设计时间。第 6 章将专门介绍顺序功能图的编程方法。

台达 ES/EX/SS 系列 PLC 简介

台达 ES/EX/SS 系列 PLC 应用技术（第二版）

3.1 台达PLC简介

3.1.1 台达 PLC 的系列

目前，台达 PLC 有 ES、ES2、ES2-C、EX、EX2、SS、SS2、EH3、EC3、SA2、SX2、SV2、SE、AH500、PM、MC 等系列。各系列机型均由各自特点，可满足不同控制要求。

ES 系列性价比较高，可实现顺序控制。

EX 系列具备数字量和模拟量 I/O，可实现反馈控制。

SS 系列外形轻巧，可实现基本顺序控制。

EH 系列采用了 CPU+ASIC 双处理器，支持浮点运算，指令最快执行速度达 0.24μs。

EC 系列是内置高速计数器，可以高速脉冲输出的经济基本型主机。

SA 系列内存容量 8k steps，运算能力强，可扩展 8 个功能模块。

SX 系列具有 2 路模拟量输入和 2 路模拟量输出，并可扩展 8 个功能模块。

SV 系列外形轻巧，采用了 CPU+ASIC 双处理器，支持浮点运算，指令最快执行速度达 0.24μs。

SE 系列是业界最完整的通信型主机，其处理速度为 LD：0.64μs，MOV：2μs。

AH500 系列为模块化的中型 PLC，应用于高端产业机械与系统整合的智能解决方案。

PM 系列可实现 2 轴直线/圆弧差补控制，最高脉冲输出频率达 500kHz。

MC 系列完美呈现对精准运动的快速控制，通过高速总线 (CANopen) 可控制高达 16 轴的运动。

3.1.2 台达 PLC 的型号

由于 PLC 尚没有统一的型号编制方法，各个厂家对 PLC 的型号编制并不一样，台达 PLC 的型号说明如图 3-1 所示。

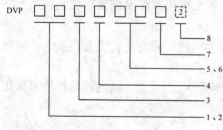

图 3-1 台达 PLC 的型号说明

由图 3-1 可知，台达 PLC 型号都以 DVP 开头，第 1、2 位为 I/O 点数；第 3 位为主机或扩展模块标志，其中，E 表示 E 类主机，X 表示扩展模块，S 表示 S 类主机；第 4 位为机型标志，C 表示不可扩展型主机，其中，S 表示标准型主机，X 表示模数混合型主机；M 表示输入点扩展模块，N 表示输出点扩展模块，P 表示输入/输出扩展模块；第 5、6 位为电源类型，其中，00

表示交流电源，01 表示直流电源，11 表示直流电源；第 7 位为输出标志，其中，R 表示继电器输出，T 表示晶体管输出，N 表示无输出模块；第 8 位为"2"表示功能提升。例如，DVP 14ES 00 R 2 表示为台达 PLC，共有 14 个 I/O 点，E 类标准型主机，使用 220V 交流电源，继电器输出，属于功能提升型；又如，DVP 16 XM 01 N 表示为使用直流 24V 电源的 16 点输入扩展模块。

3.1.3　台达 PLC 的周边设备

当有了 PLC 主机后，还要有一些周边设备才能完成编程和控制的要求。台达 PLC 的周边设备主要有以下几种。

1. 程序书写器

程序书写器又叫手持编程器（DVP HPP02），可进行程序的输入、修改、插入及删除等操作。以前，在工作现场，用程序书写器可以方便地修改 PLC 控制程序，但如今由于手提电脑的发展，无论在设计室还是工作现场都可以采用计算机软件来实现 PLC 编程。

2. WPLSoft 编程软件

使用 WPLSoft 编程软件可在计算机上将梯形图程序输入 PLC，完成编程。WPLSoft 编程软件可在台达的官方网站（www.deltagreentech.com.cn）下载，免费使用。

3. 各部连接线

表 3-1 给出了台达 PLC 的各部连接线。

表 3-1　　　　　　　　　　　台达 PLC 的各部连接线

型　号	用　途	接　口	长度/m
DVP ACAB115	HPP02 与 PLC	—	1.5
DVPACAB215	PC 与 PLC	9 PIN & 25 PIN D-SUB	1.5
DVPACAB230	PC 与 PLC	9 PIN & 25 PIN D-SUB	3
DVPACAB2A30	PC 与 PLC	9 PIN D-SUB	3
DVPACAB315	HPP02 与 PC	—	1.5
DVPACAB403	PLC 与扩展模块，扩展模块间	—	0.3

3.2　ES系列PLC

3.2.1　ES 系列 PLC 的构成

ES 系列 PLC 是中达电通股份有限公司生产功能非常强的超小型 PLC 产品，在某些功能上甚至能与大型机媲美。主机内有高速计数器，可输入频率达 20kHz 的脉冲，输出的脉冲频率可达 10kHz。ES 系列 PLC 还具有 4 个中断源的中断优先权管理，以及 RS-232C 和 RS-485 通信接口。

台达 PLC 还有与之配套的扩展模块，如 I/O 模块、智能模块及温度测量模块等。1 台 ES 系列 PLC 最多可扩展到 256 个 I/O 点。

台达 PLC 的智能模块主要为 A/D、D/A 模块，当需要对模拟量进行测量和控制时，可以连接智能模块。

需要对温度进行测量和控制时，可将温度测量模块连接到 PLC 上，温度测量模块可采用 PT100 型热电阻或 J、K、R、S、T 型热电偶作传感器。

图 3-2 为 ES 系列 PLC 的外形图。

下面进行详细说明。

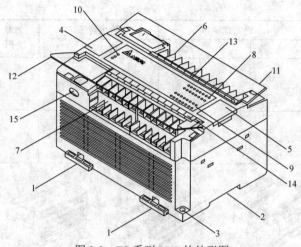

图 3-2 ES 系列 PLC 的外形图

1—DIN 固定扣；2—DIN 固定槽；3—螺栓孔；4—RS-232 通信接口；
5—扩展模块插座；6、7—接线端子；8、9—I/O 指示灯；10—状态指示灯；
11、12—塑料盖；13、14—I/O 铭牌；15—RS-485 通信接口

（1）DIN 固定扣。可将 PLC 主机锁紧在 DIN 固定槽上。

（2）DIN 固定槽。可将 PLC 主机安装在 DIN 固定片上。

（3）螺栓孔。可将 PLC 主机用螺栓固定在控制箱墙板上。

（4）RS-232C 通信接口。利用该口能与 PC 机通信编程，也可以连接其他外围设备（如 TP 型文本显示器、触摸屏、条形码判读器和串行打印机等）。

（5）扩展模块插座。通过这个插座，可以连接扩展 I/O 模块、智能模块、温度测量模块、高速计数模块及运动控制模块等。

（6、7）接线端子。将导线连在接线端子上，完成控制系统。

（8、9）I/O 指示灯。I/O 点闭合时，相应的指示灯亮，而 I/O 点断开时，指示灯熄灭。

（10）状态指示灯。

1）"Power"：接通电源后，"Power" 指示灯亮。

2）"Run"：程序运行时，"Run" 指示灯亮。

3）"Error"：程序出错时，"Error" 指示灯亮。

（11、12）塑料盖。

（13、14）I/O 铭牌。

（15）RS-485 通信口。

3.2.2　ES 系列 PLC 的基本技术性能

可编程控制器的功能很大程度上取决于它的技术性能。ES 系列 PLC 虽然是超小型机，但其技术性能是一些类似机型的小型机所不具备的。

1. ES 系列 PLC 的机型与 I/O 规格

表 3-2 为 ES 系列 PLC 的机型与 I/O 规格。

表 3-2　　　　　　　　ES 系列 PLC 的机型与 I/O 规格

机　型	电　源	输入规格		输出规格		参考外形
		点　数	形　式	点　数	形　式	
DVP14ES00R2	AC 100～240V +10% −15%	8	DC 24V 5mA Sink 或 Source	6	继电器	①
DVP24ES00R2		16		8		
DVP32ES00R2		16		16		②
DVP60ES00R2		36		24		⑤
DVP14ES00T2		8		6	晶体管	①
DVP24ES00T2		16		8		
DVP32ES00T2		16		16		②
DVP60ES00T2		36		24		⑤

续表

机　型	电源	输入规格		输出规格		参考外形
		点　数	形　式	点　数	形　式	
DVP14ES01R2		8		6		③
DVP24ES01R2	DC24V +20%	16		8	继电器	④
DVP32ES01R2		16		16		
DVP14ES01T2	−15%	8		6		③
DVP24ES01T2		16		8	晶体管	④
DVP32ES01T2		16		16		

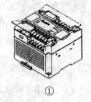 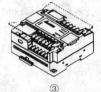  

①　　　　　②　　　　　③　　　　　④　　　　　⑤

下面以 14ES 机型为例介绍 PLC 的端子配置。图 3-3 为 DVP14ES 机型的端子配置图。

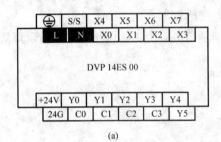 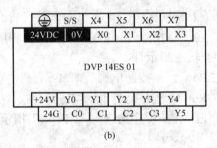

(a)　　　　　　　　　　　　　　(b)

图 3-3　DVP14ES 机型的 I/O 端子配置图

（a）14ES00；（b）14ES01

在图 3-3 中，14ES00 机型的电源为 AC 220V，电源接线端子为 "L" 和 "N"，不分正负；而 14ES01 机型的电源为 DC 24V，电源接线端子为 "24VDC" 和 "0V"，直流电接线时分正负，24VDC" 为正，"0V" 为负。从端子配置图较难区分输出形式，这主要由厂家提供。端子 "S/S" 是输入 "X0" ~ "X7" 的公用端，因为输入主要多为各种开关、按钮，故可用一个公用端。输出 "Y0" ~ "Y5" 则不能用一个公用端，因为输出所带的负载不一定是一样的，例如，继电器可用 12、15、24V 等驱动，故无法全部使用一个公用端。由图 3-3 可以看出，

"Y0" ~ "Y5" 之间为粗细线分开，其中，"Y0" ~ "Y2" 的回路端子分别为 "C0" ~ "C2"，而 "Y3" ~ "Y5" 的回路端子同为 "C3"，接线时应十分注意，避免因接错而发生事故。

在表 3-2 中，输入形式虽然用的是 DC24V，但分为 Sink 和 Source 两种，如图 3-4 所示，Sink 表示输入电流流入公用端 "S/S"，Source 表示输

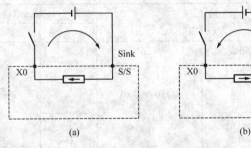

(a)　　　　　　　　(b)

图 3-4　输入端的两种接法

（a）Sink 接法；（b）Source 接法

入电流流出公用端"S/S"。

2. ES 系列 PLC 的输入特性

表 3-3 为 ES 系列 PLC 的输入特性。

表 3-3　　　　　　　　　ES 系列 PLC 的输入特性

项　目	参　数	项　目	参　数
输入类型	数字量	反应时间	10ms
输入电压	DC 24V	运行指示	LED
输入电流	5mA	连接方式	端子板（M3.5 螺丝）
接通电压	DC 10V 以上	绝缘方式	光电耦合
关断电压	DC 9V 以下		

图 3-5 为 ES 系列 PLC 的电源及输入接线。

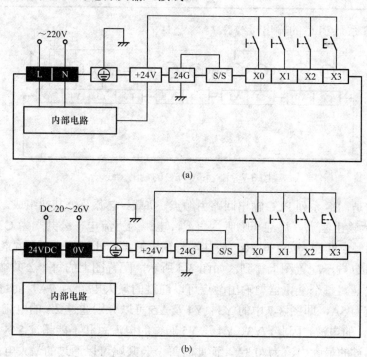

图 3-5　ES 系列 PLC 的电源及输入接线

（a）ES00；（b）ES01

图 3-6 为输入端子的内部电路示意图。

从图 3-6 中可以看出，可编程控制器输入端子的内部电路同外部电路是用光耦合器隔离的，这样不但保护内部电路，同时也减轻了外部电路的干扰信号对可编程控制器内部电路的影响。

3. 输出特性

表 3-4 为 ES 系列 PLC 的输出特性。

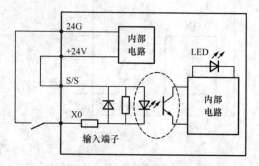

图 3-6　输入端子的内部电路示意图

表 3-4   ES 系列 PLC 的输出特性

参数	输出形式		
	数字量		模拟量
	继电器	晶体管	
电压	DC 30V 或 AC 250V	DC 30V	DC 0～10V
电流	2A	0.3A	DC 0～20mA
最大负载	电感型 100VA 电阻型 120W	9W	0.2W
反应时间	10ms	20～30 μs	10ms
运行指示	LED		
连接方式	端子板（M3.5 螺丝）		
绝缘方式	光电耦合		—

图 3-7 为 ES 系列 PLC 的输出接线。

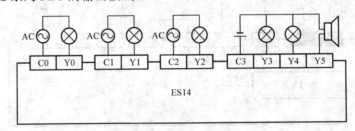

图 3-7　ES 系列 PLC 的输出接线

需要说明的是，ES 系列 PLC 输出回路由触点、负载、电源及公共端组成，如图 3-7 所示，Y3、Y4 及 Y5 为输出触点，灯泡和喇叭为负载，电源为直流电，公共端为 C3，有时 1 个公共端与 1 个输出触点匹配，如 C0-Y0。公共端与输出触点的匹配规则可参见相关手册，也可从 PLC 主机的 I/O 端子配置图上得到，如图 3-4 所示，配置图上的每个公共端与匹配的输出触点会用粗线隔开。每个继电器型输出触点可以通过的最大电流为 2A，而每个公共端可以通过的最大电流为 5A，即图 3-7 中的 Y3、Y4 及 Y5 可以分别通过 2A 的电流，但公共端 C3 最大只能通过 5A 的电流，因此，Y3、Y4 及 Y5 通过的电流总和不能超过 5A。每个晶体管型输出触点可以通过的最大电流为 0.3A，而此时每个公共端可以通过的最大电流为 1.2A，图 3-8 为输出端子的内部电路示意图。

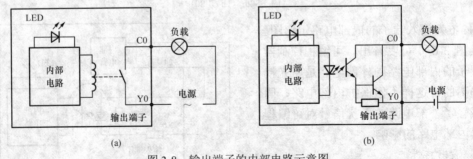

图 3-8　输出端子的内部电路示意图

（a）继电器输出端子的内部电路示意图；（b）晶体管输出端子的内部电路示意图

4. 其他特性

ES 系列 PLC 扩展后最大 I/O 点数为 256 点；程序容量为 4K Steps；通信端口为内置 RS-232 与 RS-485，兼容 MODBUS ASCII / RTU 通信协议；支持 2 点（Y0, Y1）独立高速脉冲输出功能，最高可达 10kHz。ES 系列 PLC 还内置高速计数器，见表 3-5。高速计数可以用 3 种模式实现，分别是 1 相 1 输入，又称为脉冲/方向（Pulse/Direction）模式；1 相 2 输入，又称为正转/反转（FWD/REV）模式；2 相 2 输入，又称为 AB 相（AB-phase）模式。

表 3-5　　　　　　　　　　一般型高速计数器参数

参　数	计数模式		
	1 相 1	1 相 2	2 相 2
组　数	2/2	1	1
频　宽	20kHz/10kHz	20kHz	4kHz

3.3　EX 系列 PLC

台达 EX 系列 PLC 只有 4 种机型，其最大的特点就是每台 PLC 带有 4 个模拟量输入端子和 2 个模拟量输出端子。表 3-6 为 EX 系列 PLC 的机型与 I/O 规格。

表 3-6　　　　　　　　　EX 系列 PLC 的机型与 I/O 规格

机　型			DVP20EX00R2	DVP20EX00T2	DVP20EX11R2	DVP20EX11T2
电　源			AC 100～240V（−15%～+10%）		DC 24 V（−15%～+20%）	
输入规格	DI	点数	8			
		形式	DC 24V（5mA）Sink 或 Source			
	AI	点数	4			
		形式	−20mA～+20mA 或 −10V～+10V			
输出规格	DO	点数	6			
		形式	继电器	晶体管	继电器	晶体管
	AO	点数	2			
		形式	0～+20mA 或 0～+10V			
外形参考			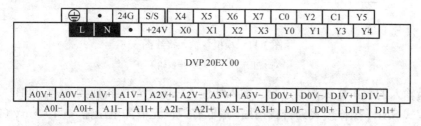			

图 3-9 为 EX 系列 PLC 的 I/O 端子配置图。

图 3-9　EX 系列 PLC 的 I/O 端子配置图

由表 3-6 和图 3-9 可知，EX 系列 PLC 的模拟量输入信号可为电压或电流信号，模拟量输出信号也可为电压或电流信号，但范围有所不同，使用时需注意。

EX 系列 PLC 主机 I/O 为 20 点，扩展后最大 I/O 点数为 238 点；程序容量为 4K Steps；通信端口为内置 RS-232 与 RS-485，兼容 MODBUS ASCII / RTU 通信协议；支持 2 点（Y0, Y1）独立高速脉冲输出功能，最高可达 10kHz。与 ES 系列 PLC 相同，也具备内置高速计数器的功能。

3.3.1 模拟量的输入

EX 系列 PLC 有 4 个模拟量输入端子，在程序中可以同时使用。模拟量输入与计算机的 A/D 采集卡相似，是把连续变化的直流电压或电流模拟信号，转换为数字信号。图 3-10 给出了模拟信号与数字信号的对应图，从而可知直流电压输入范围是−10～+10V，直流电流输入范围为−20～+20mA，经 PLC 转换的数字信号范围为−512～+511。应注意的是 1 个模拟量输入端子只能接入 1 种信号（电压或电流），不能既接入电压又接入电流信号；另外，输入模拟量信号不可超过 ±15V 或 ±30mA，否则会造成 PLC 损坏。

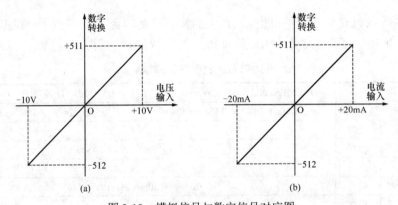

图 3-10　模拟信号与数字信号对应图
（a）直流电压-数字信号；　（b）直流电流-数字信号

模拟量输入具有单调性，为无错误码。非线性精度在整个温度范围内满刻度时为±1%；最大误差在满刻度 20mA 与+10V 时为±1%。图 3-11 给出了模拟量输入接线图，其中 V+、V−、I+ 及 I−为接线端子，在 PLC 的 I/O 铭牌上均已标出。

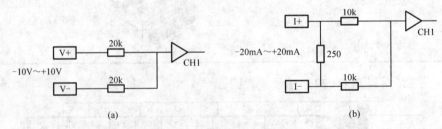

图 3-11　模拟量输入接线图
（a）电压输入；　（b）电流输入

模拟量输入的数据格式为二进制。输入特性为三阶。最大转换频率为 200Hz。转变方法为逐次比较式 SAR。操作模式为自我扫描。最低有效位元值为电压输入：19.5 mV（10V/512），电流输入：39μA（20mA/512）。输入模式为差动信号输入。不引起失真的动作范围为 70dB。

图 3-12　模拟量输入系统完整转换时间

模拟量输入系统完整转换时间（TAID + TAIT）为 2ms，其中取样接受时间（包含设定时间）为 1ms，转换时间为 0.5ms，刷新时间为 0.5ms，如图 3-12 所示。

表 3-7 给出了模拟量输入通道与数据存储器，输入的模拟量信号将被转换成数字信号，保存在对应的数据存储器内。

表 3-7　　　　　　　　　　模拟量输入通道与数据存储器

通道	电压输入		电流输入		模拟量转换储存	
	范围	输入端子	范围	输入端子	存储器	转换值
CH0	−10～+10V 阻抗：40KΩ	A0V+～A0V−	−20mA～+20mA 阻抗：250Ω	A0I+～A0I−	D1110	−512～+511
CH1		A1V+～A1V−		A1I+～A1I−	D1111	
CH2		A2V+～A2V−		A2I+～A2I−	D1112	
CH3		A3V+～A3V−		A3I+～A3I−	D1113	

例如，在 A1V+～A1V−接入+5V，在 A2V+～A2V−加入−5mA，则经过 A/D 转换，结果为 D1111 = 256，D1112 = −128。

模拟量输入使用隔离双绞线，配线时请远离电源线或其他会引发干扰的配线，线长一般不超过 3 m。

3.3.2　模拟量的输出

EX 系列 PLC 的有 2 个模拟量输出端子，在程序中可同时使用。模拟量输出与计算机的 D/A 卡相似，是把数字信号，转换为连续变化的直流电压或电流模拟信号。图 3-13 给出了数字信号与模拟信号对应图，从而可知数字信号范围为 0～+255，经 PLC 转换，直流电压输出范围是 0～+10V，直流电流输出范围为 0～+20mA。应注意的是 1 个模拟量输出端子只能输出 1 种信号（电压或电流）。另外，若外部配线不正确，将造成错误的动作或损坏 PLC，如电压输出端短路将造成 PLC 永久性损坏。

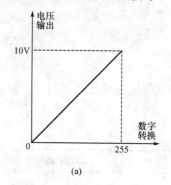 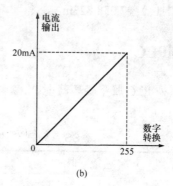

(a)　　　　　　　　　　　　　　　　　(b)

图 3-13　数字信号与模拟信号对应图

(a) 数字信号—直流电压；　(b) 数字信号—直流电流

模拟量输出也具有单调性，为无错误码。非线性精度在整个温度范围内满刻度时为±1%；最大误差在满刻度 20mA 与+10V 时为±1%。图 3-14 给出了模拟量输出接线图，其中，V+、V−、I+ 及 I−为接线端子，在 PLC 的 I/O 铭牌上均已标出，允许空接。最大电容负载（电压输出）为 100PF。从电源启动到实际信号输出的时间为 4s。输出链波小于 0.1%。

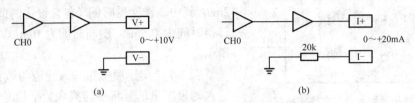

图 3-14　模拟量输出接线图
（a）电压输出；　（b）电流输出

图 3-15　模拟量输出系统完整转换时间

模拟量输入的数据格式也为二进制。最低有效位元值，R/T 机型电压输出为 78.125mV，R2/T2 机型电压输出为 39.062 5mV，电流输出为 78.125μA。模拟量输出系统完整转换时间（TAID + TAIT）为 2ms，其中，刷新时间为 0.5ms，转换时间为 0.5ms，设定时间为 1ms，如图 3-15 所示。

表 3-8 给出了模拟量输出通道与数据存储器，编程时利用 MOV 指令，将数据写入 D1116 或 D1117，写入后将在输出端子产生相应的直流电压或电流。

表 3-8　　　　　　　　　　模拟量输出通道与数据存储器

通道	模拟量转换储存		电压输出		电流输出	
	转换值	存储器	范围	输出端子	范围	输出端子
CH0	0~+255	D1116	0~+10V	D0+~D0V−	0~+20mA	D0I+~D0I−
CH1		D1117	阻抗：2k~1MΩ	D1+~D1V−	阻抗：0~500Ω	D1I+~D1I−

例如，利用 MOV 指令使 D1116 = 50，D1117 = 90，则可使模拟量信号输出 CH0（D0V+，D0V−）=1.960 784，CH1（D1V+，D1V−）=3.529 411 V，CH0（D0I+，D0I−）=3.921 568mA，CH1（D1I+，D1I−）=7.058 823mA。

3.4　SS系列PLC

台达 SS 系列 PLC 属于轻巧薄型 PLC，提供普通使用的顺序控制功能。表 3-9 为 SS 系列 PLC 的机型与 I/O 规格。

表 3-9　　　　　　　　　　SS 系列 PLC 的机型与 I/O 规格

机型	电源	输入规格		输出规格		外形参考
		点数	形式	点数	形式	
DVP14SS11R2	DC 24V +20% −15%	8	DC 24V 5mA Sink 或 Source	6	继电器	
DVP14SS11T2		8		6	晶体管	

SS 系列 PLC 扩展后最大 I/O 点数为 238 点；程序容量为 4K Steps；通信端口为内置 RS-232 与 RS-485，兼容 MODBUS ASCII / RTU 通信协议；支持 2 点（Y0，Y1）独立高速脉冲输出功能，最高可达 10kHz。同样具备内置高速计数器功能。

3.5　扩展模块

ES/EX/SS 系列 PLC 可用的扩展模块很多，此处只列举出一些典型的扩展模块，其具体应用方法可参照随机附带的使用说明书，表 3-10 为扩展模块的 I/O 规格。

表 3-10　　　　　　　　　　　　　　扩展模块的 I/O 规格

机型	电源	输入规格		输出规格		外形参考
		点数	形式	点数	形式	
DVP24XN00R	AC 100～240V +10% −15%	0	DC 24V/5mA Sink 或 Source	24	继电器 Relay	
DVP24XP00R		16		8		
DVP32XP00R		16		16		
DVP24XP00T		0		24	晶体管 Transistor	
DVP24XN00T		16		8		
DVP32XP00T		16		16		
DVP16XM01N	DC 24V +20% −15%	16		0	无	
DVP16XN01R		0		16	继电器 Relay	
DVP24XN01R		0		24		
DVP24XP01R		16		8		
DVP32XP01R		16		16		
DVP16XN01T		0		16	晶体管 Transistor	
DVP24XN01T		0		24		
DVP24XP01T		16		8		
DVP32XP01T		16		16		

3.6　ES/EX/SS系列PLC的装置与功能

3.6.1　DVP-PLC 的装置编号

表 3-11 为 ES/EX/SS 机型装置编号一览表。

表 3-11　　　　　　　　　ES/EX/SS 机型装置编号一览表

类别	装置	项目		范围		功能
继电器	X	外部输入		X0～X127，八进制编码	128 点	对应外部输入点
	Y	外部输出		Y0～Y127，八进制编码	128 点	对应外部输出点
	M	辅助继电器	一般用	M0～M511，M768～M999	744 点	触点可在程序内做 On/Off 切换
			停电保持用*	M512～M767	256 点	
			特殊用	M1000～M1279	280 点	
	T	定时器	100ms 定时器	T0～T63	64 点	TMR 所指定的定时器，计时到达则同编号 T 的触点将会 On
			10ms 定时器	T64～T126（M1028=On）	63 点	
			1ms 定时器	T127	1 点	

续表

类别	装置	项目			范围		功能
继电器	C	计数器	16 位上数一般用		C0～C111	112 点	CNT（DCNT）指令所指定的计数器，若计数到达则此同编号 C 的接点将会 On
			16 位上数停电保持用*		C112～C127	16 点	
			32 位上下数高速计数器停电保持用*	1 相 1 输入	C235～C238,C241,C242,C244	7 点	
				1 相 2 输入	C246,C247,C249	3 点	
				2 相 2 输入	C251,C252,C254	3 点	
	S	步进点	初始步进点停电保持用*		S0～S9	10 点	步进梯形图（SFC）使用装置
			原点回归点停电保持用*		S10～S19（搭配 IST 指令使用）	10 点	
			停电保持用*		S20～S127	108 点	
寄存器	T	定时器现在值			T0～T127	128 点	计时到达时，导通
	C	计数器现在值			C0～C127，16 位计数器	128 点	计数到达时，导通
					C235～C254，32 位计数器	13 点	
	D	数据寄存器	一般用		D0～D407	408 点	作为数据储存的内存区域，E、F 可作为间接寻址的特殊用途
			停电保持用*		D408～D599	192 点	
			特殊用		D1000～D1311	312 点	
			变址用		E（=D1028）、F（=D1029）	2 点	
指针	N	主控回路用			N0～N7	8 点	主控回路控制点
	P	CJ，CALL 指令用			P0～P63	64 点	CJ，CALL 位置指针
	I	中断用	外部中断插入		I001、I101、I201、I301	4 点	中断子程序位置指针
			定时中断插入		I6□□，（□□=10～99，时基=1ms）	1 点	
			通信中断插入		I150	1 点	
常数	K	十进制			K-32 768～K32 767（16 位运算）		
					K-2 147 483 648～K2 147 483 647（32 位运算）		
	H	十六进制			H0000～HFFFF（16-bit 运算）		
					H00000000～HFFFFFFFF（32-bit 运算）		

3.6.2 输入/输出触点 X / Y

输入/输出触点 X / Y 都是以八进制编号，从 X0 及 Y0 开始算，数量随主机的点数多少而变化，具体见表 3-12。

表 3-12　　　　　　　　　　输入/输出触点编号

型号	DVP-14ES	DVP-14SS	DVP-20EX	DVP-24ES	DVP-32ES	DVP-60ES
输入 X	X0～X7	X0～X7	X0～X7	X0～X17	X0～X17	X0～X43
输出 Y	Y0～Y5	Y0～Y5	Y0～Y5	Y0～Y5	Y0～Y17	Y0～Y27

对 I/O 扩展模块来说，输入/输出的编号是随与主机的连接顺序推算出来的。对于表 3-2 中的 DVP-60ES 型主机，其扩展 I/O 输入/输出起始编号为 X50 和 Y30，而其他机型扩展 I/O 输入/输出点起始编号为 X20 和 Y20。扩展 I/O 的编号以 8 的倍数增加，未满 8 点仍以 8 点计算。

3.6.3 辅助继电器 M

辅助继电器 M 与输出继电器 Y 一样，有输出线圈和动合、动断触点，而且在程序当中使用次数无限制，可用来组合控制回路，但无法直接驱动外部负载。辅助继电器 M 可区分为 3 种。

（1）一般用辅助继电器。

一般用辅助继电器编号为 M0～M511，M768～M999，共 744 点，当 PLC 运行遇到停电时，这些辅助继电器的状态将全部被复位为 Off，再送电时仍为 Off。

（2）停电保持用辅助继电器。

停电保持用辅助继电器编号为 M512～M767，共 256 点，当 PLC 运行遇到停电时，这些辅助继电器的状态将全部被保持，再送电时状态仍为停电前状态。

（3）特殊用辅助继电器。

特殊用辅助继电器编号为 M1000～M1279，共 280 点。每个特殊用辅助继电器均有其特定的功能，未定义的特殊用辅助继电器请勿使用。特殊用辅助继电器具体的用法请参考本书附录或相关手册。

3.6.4　定时器 T

定时器是以 100、10 或 1ms 为一个计时单位，计时方式采用上数计时。定时器线圈通电后开始计时，当现在值等于设定值时，定时器动作，相应的动合 T 触点闭合，动断 T 触点断开。设定值可以是十进制 K 值，也可以是数据寄存器 D 值。定时器的实际设定时间 = 计时单位 × 设定值。

以 100ms 为计时单位的定时器编号有 T0～T63，共 64 点。以 10ms 为计时单位的定时器编号有 T64～T126，共 63 点，使用时，必须将特殊辅助继电器 M1028 设置为 On。若 M1028 = Off 时，T64～T126 仍以 100ms 为单位计时。以 1ms 为计时单位的定时器只有一个，即 T127。

3.6.5　计数器 C

计数器的脉冲输入信号由 Off→On 时，计数器计一次数。当计数器现在值等于设定值时，输出线圈导通，设定值可以使用十进制的 K 值，也可以使用数据寄存器 D 值。

1．16 位计数器

16 位计数器共有 128 个，编号为 C0～C127，说明如下所述。

（1）16 位计数器的设定范围为 K0～K32 767，K0 和 K1 相同，在第一次计数时输出触点马上导通。

（2）C0～C111 为一般用计数器，在 PLC 停电的时候，计数器现在值即被清除；C112～C127 为停电保持型计数器，停电前的现在值及计数器接点状态记忆，重新上电后会继续累计。

（3）若使用 MOV 指令、WPLSoft 或程序书写器 HPP 将一个大于设定值的数值传送到 C0 现在值寄存器时，在下次触点由 Off→On 时，C0 计数器接点即变成 On，同时现在值内容变成与设定值相同。

（4）计数器的设定值可使用常量 K 直接设定或使用寄存器 D 中的数值作间接设定，但不包含特殊数据寄存器 D1000～D1999。

（5）设定值若使用常量 K 仅可以是正数，使用数据寄存器 D 作为设定值且可以是正负数。计数器现在值由 32 767 再往上累计时则变为 –32 768。

2．32 位高速加减计数器

32 位高速加减计数器有 13 点，总频宽为 20Hz，见表 3-13。

表 3-13　　　　　　　　　　　　　　　32 位 高 速 计 数 器

输入	1相1输入							1相2输入			2相输入		
	C235	C236	C237	C238	C241	C242	C244	C246	C247	C249	C251	C252	C254
X0	U/D				U/D		U/D	U	U	U	A	A	A
X1		U/D			R		R	D	D	D	B	B	B
X2			U/D			U/D			R	R		R	R
X3				U/D		R	S			S			S

注　U—加计数；D—减计数；A—A 相输入；B—B 相输入；R—复位输入；S—启动输入。

其中，输入点为 X0、X1 可规划成更高速的计数器，单相可达 20kHz，但这两个输入点的计数频率相加仍必须≤频宽 20kHz 的限制。若计数输入为 A/B 相信号，计数行为模式为 4 倍频，则此 A/B 相信号的最高计数输入频率约为 5kHz。输入点 X2、X3 高速计数器单相可达 10kHz。

ES/EX/SS 系列机型中高速计数指令 DHSCS 与 DHSCR 搭配使用次数不可超出 4 次。

32 位高速加减计数器说明如下所述。

（1）32 位高速加减计数器的设定范围为 K–2 147 483 648～K2 147 483 647。

（2）32 位高速加减计数器 C235～C244 加减算计数由特殊辅助继电器 M1235～M1244 的 On/Off 来指定。例如，当 M1235=Off 时决定 C235 为加算，当 M1235=On 时决定 C235 为减算，其余类推。

（3）32 位高速加减计数器 C246～C254 加减算计数由特殊辅助继电器 M1246～M1254 的 On/Off 来监控。例如，当 M1246=Off 时表示 C246 为加算，当 M1246=On 时，表示 C246 为减算计算，其余类推。

（4）设定值可使用常量 K 或使用数据寄存器 D 作为设定值且可以是正负数，但不包含特殊数据寄存器 D1000～D1999。若使用数据寄存器 D 则一个设定值占用两个连续的数据寄存器。

（5）若使用 DMOV 指令、WPLSoft 或程序书写器 HPP 将一个大于设定值的数值传送到任一高速计数器现在值寄存器时，在下次计数输入触点由 Off→On 时，该计数器接点不变化，并以现在值做加减计数。

（6）计数器现在值由 2 147 483 647 再往上累计时，则变为–2 147 483 648。同理，计数器现在值由–2 147 483 648 再往下递减时，则变为 2 147 483 647。

3.6.6　步进继电器 S

步进继电器 S 在工程自动化控制中可轻易地设定程序，其为步进梯形图最基本的装置，在步进梯形图中必须与 STL、RET 等指令配合使用。各步进继电器 S 与输出继电器 Y 一样有输出线圈及动合、动断触点，而且于程序当中使用次数无限制，但无法直接驱动外部负载。当步进继电器 S 不用于步进梯形图时，可当做一般的辅助继电器使用。根据性质，ES/EX/SS 机型的步进继电器 S 可区分为：

（1）初始用步进继电器：S0～S9，共计 10 点。在步进梯形图中作为初始状态使用。

（2）原点回归用步进继电器：S10～S19，共计 10 点。在程序中使用 API 60 IST 指令使用时，S10～S19 规划成原点回归用。若无使用 IST 指令则当成一般用步进继电器使用。

（3）停电保持用步进继电器：S20～S127，共计 108 点。在步进梯形图中停电保持用步进继电器，在 PLC 运行时若遇到停电，其状态将全部被保持，再次送电时其状态为停电前状态。

3.6.7 寄存器 D、E、F

1. 数据寄存器 D

数据寄存器 D 用于储存数值数据，其数据长度为 16 位（–32 768～+32 767），最高位为正负号，可储存–32 768～+32 767 的数值数据；也可将两个 16 位寄存器合并成 1 个 32 位寄存器（D+1，D），编号小的为下 16 bit，其最高位为正负号，可储存–2 147 483 648～+2 147 483 647 的数值数据。寄存器依其性质可做如下区分：

（1）一般用寄存器：当 PLC 由运行变为停止状态或断电时，寄存器内的数值数据会被清除为 0。如果让 M1033=On 时，则 PLC 由运行变为停止状态时，数据会保持不被清除，但断电时仍会被清除为 0。

（2）停电保持用寄存器：当 PLC 断电时此区域的寄存器数据不会被清除，仍保持其断电前的数值。清除停电保持用寄存器的内容值，可使用 RST 或 ZRST 指令。

（3）特殊用寄存器：每个特殊用途寄存器均有其特殊定义及用途，主要用于存放系统状态、错误信息、监视状态。请参考附录特殊继电器、特殊寄存器及功能说明。

2. 变址用寄存器 E、F

ES/EX/SS 机型有 E0 和 F0 共 2 点。E、F 与一般数据寄存器一样，都是 16 位的数据寄存器，可以自由地被写入及读出。如果要使用 32 位长度时必须指定 E，此种情况下 F 就被 E 所涵盖，F 不能再使用，否则会使得 E（32bit 数据）的内容不正确。建议使用 DMOVP K0 E 指令，在开机时就将 E（含 F）的内容清除为 0。变址寄存器与一般的操作数相同，可用来作为搬移或比较，可用于字装置（KnX，KnY，KnM，KnS，T，C，D）及位装置（X，Y，M，S）。不支持常量（K，H）间接寻址功能。

3.6.8 指针 N、P，中断指针 I

指针 N：搭配 MC 和 MCR 指令使用，MC 为主控起始指令，当 MC 指令执行时，位于 MC 与 MCR 之间的指令照常执行。详细说明请参考 MC、MCR 指令。

指针 P：搭配应用指令 API 00 CJ、API 01 CALL、API 02 SRET 使用，详细说明请参考 CJ、CALL、SRET 指令。

中断指针 I：搭配应用指令 API 04 EI、API 05 DI、API 03 IRET 使用，详细说明请参考相关手册。用途可分为以下 6 种，中断插入的动作须搭配 EI 中断插入允许、DI 中断插入禁止、IRET 中断插入返回等指令组合而成。

（1）外部中断插入。

X0～X5 输入端的输入信号在正沿或负沿触发时，因 PLC 主机内的特殊硬件设计电路的处理，将不受扫描周期影响，立即中断目前执行中的程序而跳至指定的中断插入子程序指针 I00□（X0）、I10□（X1）、I20□（X2）、I30□（X3）、I40□（X4）、I50□（X5）处执行，至 IRET 指令被执行时再回到原来的位置继续往下执行。

（2）定时中断插入。

PLC 每隔一段时间自动的中断目前执行中的程序而跳至指定的中断插入子程序执行。

（3）计数到达中断插入。

高速计数器比较指令 API 53 DHSCS 可指定当比较到达时，中断目前执行中的程序而跳至指定的中断插入子程序执行中断指针 I010、I020、I030、I040、I050、I060。

（4）脉冲中断插入。

脉冲输出指令 API 57 PLSY 可设定在脉冲输出第一个脉冲的同时，发出中断信号，启动标志为 M1342、M1343，相对的中断向量编号为 I130、I140。另外，可设定脉冲输出最后一个脉冲完毕后，发出中断信号，启动标志为 M1340、M1341，相对的中断向量编号为 I110、I120。

（5）通信中断插入。

RS 通信指令使用时，可设定产生接收到特定字符时，发出中断请求，中断编号为 I150，特定字符设定于 D1168 低字节。可用于当 PLC 与通信装置联机时，PLC 接收数据长度不同时使用，将结束字符设定于 D1168 与中断服务程序 I150，当 PLC 接收到此结束字符时，执行中断服务程序 I150。RS 指令特定长度通信接收中断请求（I160），当通信接收的数据长度 =D1169 的 Low Byte 时，触发中断 I160。当 D1169=0 时，中断不反应。

（6）测频卡触发中断。

在 SLAVE 模式下，即数据接收完成产生中断 I170，一般 PLC 的通信端口处于 SLAVE 模式下，当有通信数据进入 PLC 时，PLC 并不会立刻处理，而是等到 PLC 执行到 END 指令之后，才会去处理通信数据。因此当 PLC 扫描周期很长时，对于需要实时反应的通信数据，会延误通信的实时性，针对这一点，新增一个通信中断 I170。当 PLC 以 M1019（测频卡工作模式设定标志）及 D1034（测频卡工作模式设定）来做设定，设定测频卡模式一（脉冲周期测量）或模式三（脉冲数目计算）时，支持 I180 中断。

3.6.9 数值常量 K、H

DVP-PLC 内部根据各种不同控制目的，共使用 5 种数值类型执行运算的工作，各种数值的任务及功能说明如下所述。

（1）二进制（Binary Number，BIN）。

PLC 内部的数值运算或储存均采用二进制，二进制数值及相关术语如下所述。

1）位（Bit）。位是二进制数值的最基本单位，其状态非 1 即 0。

2）半字节（Nibble Bit）。半字节是由连续的 4 个位所组成，即 b3～b0，可表示十进制的 0～9 或十六进制的 0～F。

3）字节（Byte）。字节是由连续的 2 个半字节所组成，即 b7～b0，可表示十六进制的 00～FF。

4）字（Word）。字是由连续的 2 个字节所组成，即 b15～b0，可表示十六进制的 0000～FFFF。

5）双字（Double Word）双字是由连续的 2 个字所组成，即 b31～b0，可表示十六进制的 00000000～FFFFFFFF。

二进制系统中位、半字节、字节、字及双字的关系如图 3-16 所示。

DW															
W1								W0							
BY3				BY2				BY1				BY0			
NB7		NB6		NB5		NB4		NB3		NB2		NB1		NB0	
b31 b30 b29 b28		b27 b26 b25 b24		b23 b22 b21 b20		b19 b18 b17 b16		b15 b14 b13 b12		b11 b10 b9 b8		b7 b6 b5 b4		b3 b2 b1 b0	

图 3-16 二进制系统中位、半字节、字节、字及双字的关系

（2）八进制（Octal Number，OCT）。

DVP-PLC 的外部输入和输出端子编号采用八进制编码，例如：

1）外部输入。X0～X7，X10～X17…（装置编号）

2）外部输出。Y0～Y7，Y10～Y17…（装置编号）

（3）十进制（Decimal Number，DEC）。

十进制在 DVP-PLC 系统应用的时机如下：作为定时器 T、计数器 C 等的设定值，例如，TMR C0 K50（K 常量）。S、M、T、C、D、E、F、P、I 等装置的编号，例如，M10、T30（装置编号）。在应用指令中作为操作数使用，例如，MOV K123 D0（K 常量）。

（4）BCD 码（Binary Code Decimal，BCD）。

以半个字节或 4 个位来表示一个十进制的数据，故连续的 16 个位可以表示 4 位数的十进制数值数据，主要用于读取指拨轮数字开关的输入数值或将数值数据输出至七段显示驱动器显示。

（5）十六进制（Hexadecimal Number，HEX）。

在 PLC 系统中，十六进制数通常在应用指令中作为操作数使用，例如，MOV H1A2B D0（H 常量）。

常量 K 是十进制数值，通常会在数值前面冠以"K"字表示，例如，K100，表示为十进制，其数值大小为 100。也有例外，当使用 K 再搭配位装置 X、Y、M、S 可组合成为半字节、字节、字或双字形式的数据。例如，K2Y10、K4M100。在此 K1 代表一个 4 bits 的组合，K2～K4 分别代表 8、12 及 16 bits 的组合。

常量 H 是十六进制数值，通常在其数值前面冠以"H"字符表示，例如：H100，其表示为十六进制，数值大小为 100。

3.7 PLC的编程工具

3.7.1 编程器简介

随着计算机的发展，这种编程手段的应用在逐渐减少，因此本书只作简单介绍，如有需要请参阅相关手册。台达系列 PLC 编程器，型号为 HPP02，基本结构如图 3-17 所示。编程

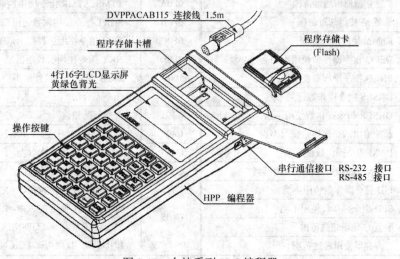

图 3-17 台达系列 PLC 编程器

器由程序储存卡、显示屏、按键及内部电路等部分组成。编程器内部的程序存储器具有停电保持功能，当 HPP02 与 PLC 主机连接（联机时间 120s 以上）再离线或由 DVPAADP01（选购）供给电源后，其数据得以保持 3 天以上。若要长时间保存，可将 HPP02 内部程序写入内置的程序储存卡中。编程器中程序记忆空间可根据 PLC 主机的程序记忆容量选择 2000，4000，8000，16 000 步序（STEPS）作为用户程序区，一般出厂设定值为 4000 STEPS。

3.7.2　计算机专用编程软件

台达 PLC 的编程软件为 WPLSoft，其使用方法本书将在第 7 章重点介绍。

3.8　出错代码及原因

将程序写入 PLC 内部后，若发生 PLC ERROR 错误指示灯闪烁，特殊继电器 M1004=On，原因可能是指令操作数或装置使用不合法或程序语法回路有错，可根据特殊寄存器 D1004 的错误代码（十六进制编码）并对照表 3-14，可得知错误原因，而发生错误的地址存于数据寄存器 D1137 内，若为一般回路错误则 D1137 的地址值无效。

表 3-14　　　　　　　　　　　出错代码原因对照表

错误代码	原因	错误代码	原因
0001	装置 S 使用超过范围	0E18	BCD 转换错误
0002	P * 使用重复或超过范围	0E19	除法演算错误（除数=0）
0003	KnSm 使用超过范围	0E1A	装置使用超过范围（含 E、F 修饰错误）
0102	I * 使用重复或超过范围	0E1B	开根号值为负数
0202	MC N *使用超过范围	0E1C	FROM/TO 指令通信错误
0302	MCR N *使用超过范围	0F04	D 寄存器使用超过范围
0401	装置 X 使用超过范围	0F05	DCNT 指令操作数 DXXX 使用不当
0403	KnXm 使用超过范围	0F06	SFTR 指令操作数使用不当
0501	装置 Y 使用超过范围	0F07	SFTL 指令操作数使用不当
0503	KnYm 使用超过范围	0F08	REF 指令操作数使用不当
0601	装置 T 使用超过范围	0F09	WSFR, WSFL 指令操作数使用不当
0604	T 寄存器使用超过范围	0F0A	TTMR, STMR 指令使用次数超出范围
0801	装置 M 使用超过范围	0F0B	SORT 指令使用次数超出范围
0803	KnMm 使用超过范围	0F0C	TKY 指令使用次数超出范围
0D01	DECO 指令操作数使用不当	0F0D	HKY 指令使用次数超出范围
0D02	ENCO 指令操作数使用不当	1000	ZRST 指令操作数使用不当
0D03	DHSCS 指令操作数使用不当	C400	指令不合法
0D04	DHSCR 指令操作数使用不当	C401	一般回路错误
0D05	脉冲输出指令操作数使用不当	C402	LD / LDI 指令连续使用 9 次以上
0D06	PWM 指令操作数使用不当	C403	MPS 连续使用 9 次以上
0D07	FROM/TO 指令操作数使用不当	C404	FOR-NEXT 超过 6 阶以上
0D08	PID 指令操作数使用不当	C405	STL/RET 使用在 FOR-NEXT 之间
0D09	SPD 指令操作数使用不当		SRET/IRET 使用在 FOR-NEXT 之间
0E01	装置 C 使用超过范围		MC/MCR 使用在 FOR-NEXT 之间
0E04	C 寄存器使用超过范围		END / FEND 使用在 FOR-NEXT 之间

错误代码	原　因	错误代码	原　因
0E05	DCNT 指令操作数 CXXX 使用不当	C407	STL 连续使用 9 次以上
C408	STL 内使用 MC/MCR STL 内使用 I/P	C40E	I RET 不是在最后一个 FEND 后出现 SRET 不是在最后一个 FEND 后出现
C409	子程序内使用 STL/RET 中断程序内使用 STL/RET	C41C	扩展点数超过范围
		C41D	特殊扩展模块超过范围
C40A	子程序内使用 MC/MCR 中断程序使用 MC/MCR	C41E	特殊扩展模块硬件设定错误
		C41F	数据写入内存失败
C40B	MC/MCR 不是从 N0 开始或不连续	C4FF	指令无效（无此指令）
C40C	MC/MCR 相对的 N 值不同	C4EE	程序中没有结束指令 END
C40D	没有适当的使用 I/P	C41C	扩展点数超过范围

第**4**章 CHAPTER 4

PLC 的指令系统

台达 ES/EX/SS 系列 PLC 应用技术（第二版）

可编程控制器中的程序由两部分组成，即系统程序和用户程序。系统程序是由可编程控制器的厂家提供，是 PLC 程序运行的平台；用户程序是为了满足特定需要由用户编写的程序。用户要开发满足自己需要的应用程序，首先要熟悉 PLC 的编程语言。

本章针对 ES/EX/SS 系列 PLC 介绍编程语言，ES/EX/SS 系列 PLC 的编程有三种编程语言，即指令表（STL）、梯形图（LD）和顺序功能图（SFC），供选用。这些编程语言都是面向用户使用的，它使控制程序的编程工作大大简化，使得用户开发、输入、调试和修改程序都极为方便。台达公司的 WPL 编程器是支持 DVP PLC 的应用程序开发平台的，熟练掌握 WPL 编程器的使用方法将会使用户开发应用程序极为方便。

ES/EX/SS 系列 PLC 的指令分为基本指令和应用指令。

4.1 基本指令

指令由操作码和操作数组成，操作码定义要执行的功能，操作数提供执行该操作所需要的信息。下面详细介绍 ES/EX/SS 系列 PLC 的基本指令。

4.1.1 一般指令

1. LD 与 LDI 指令

LD 与 LDI 指令用于左母线开始的动合触点和动断触点或一个触点回路块开始的触点，它的作用是把当前内容保存，同时把取出的触点状态存入累计寄存器内。LD 用于动合触点，LDI 用于动断触点。

LD 或 LDI 与 OUT 两条指令就可以组成一个简单的梯形图，如图 4-1 所示。而一般梯形图的控制线路要比图 4-1 复杂得多，由若干触点串并联组成。

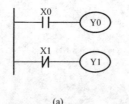

步序	语句
0	LD X0
1	OUT Y0
2	LDI X1
3	OUT Y1

(a)　　　　　　　　　　(b)

图 4-1　简单的梯形图
(a) 梯形图；(b) 指令表

2. AND 和 ANI 指令

当梯形图的控制线路由若干触点串联组成时，除与左母线相联的第一个触点用 LD 或 LDI 指令以外，其余串联触点均用 AND 或 ANI 指令。AND 指令用于串联动合触点，ANI 指令用于串联动断触点，如图 4-2 所示。

3. OR 和 ORI 指令

当梯形图的控制线路由若干触点并联组成时,除与左母线相联的第一个触点用 LD 或 LDI 指令以外,其余并联触点均用 OR 或 ORI 指令。OR 指令用于并联动合触点,ORI 指令用于并联动断触点,如图 4-3 所示。

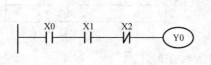

步序	语句
0	LD X0
1	AND X1
2	ANI X2
3	OUT Y0

(a)   (b)

图 4-2 触点串联的梯形图

（a）梯形图；（b）指令表

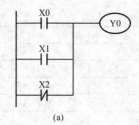

步序	语句
0	LD X0
1	OR X1
2	ORI X2
3	OUT Y0

(a)   (b)

图 4-3 触点并联的梯形图

（a）梯形图；（b）指令表

4. ANB 和 ORB 指令

ANB 指令用来处理两个触点组的串联。触点组是若干个触点的组合,也称作程序块。当两个触点组串联时,每个起点组都以起始指令 LD 或 LDI 开始单独编程,然后用 ANB 指令将两个触点组串联起来,如图 4-4 所示。

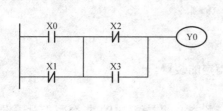

步序	语句
0	LD X0
1	ORI X1
2	LDI X2
3	OR X3
4	ANB
5	OUT Y0

(a)   (b)

图 4-4 触点组串联的梯形图

（a）梯形图；（b）指令表

ORB 指令用来处理两个触点组的并联。当两个触点组并联时,每个起点组都以起始指令 LD 或 LDI 开始单独编程,然后用 ORB 指令将两个触点组并联起来,如图 4-5 所示。

5. 进栈（MPS）、读栈（MRD）和出栈（MPP）指令

该组指令可将触点先储存,这样可用于连接后面的电路。在可编程控制器中,有 11 个存储运算中间结果的存储器,被称为栈存储器。

使用一次 MPS 指令,该时刻运算结果就推入栈的第一段。再次使用 MPS 指令时,当前的运算结果推入栈的第二段,先推入的数据依次向栈的下一段推移。

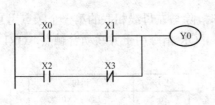

步序	语句
0	LD X0
1	AND X1
2	LD X2
3	ANI X3
4	ORB
5	OUT Y0

(a)   (b)

图 4-5　触点组并联的梯形图

（a）梯形图；（b）指令表

使用 MPP 指令，各数据依次向上段压移，最上段的数据在读出后就从栈内消失。MRD 是最上段所存的最新数据的读出专用指令。栈内的数据不发生下压或上托。这些指令都没有操作数，如图 4-6 所示。

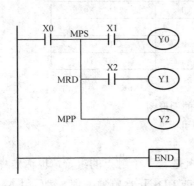

步序	语句
0	LD X0
1	MPS
2	AND X1
3	OUT Y0
4	MRD
5	AND X2
6	OUT Y1
7	MPP
8	OUT Y2
9	END

(a)   (b)

图 4-6　简单的栈操作梯形图

（a）梯形图；（b）指令表

4.1.2　输出指令

1. OUT 指令

将 OUT 指令之前的逻辑运算结果输出至指定的装置。

2. 置位 SET 和复位 RST 指令

SET 指令用于对逻辑线圈 M、输出线圈 Y、状态 S 的置位，RST 指令用于对逻辑线圈 M、输出线圈 Y、状态 S 的复位，对数据寄存器 D 和变址寄存器 V、Z 的清零，以及对计时器 T 和计数器 C 逻辑线圈复位，它们的当前计时值和计数值清零。使用 SET 和 RST 指令，可以方便地在用户程序的任何地方对某个状态或事件设置标志和清除标志，如图 4-7 所示。

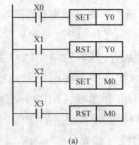

步序	语句
0	LD X0
1	SET Y0
2	LD X1
3	RST Y0
4	LD X2
5	SET M0
6	LD X3
7	RST M0

(a)   (b)

图 4-7　置位和复位操作梯形图

（a）梯形图；（b）指令表

4.1.3　定时器和计数器指令

1. 定时器 TMR 指令

当 TMR 指令执行时，其所指定的定时器线圈受电、定时器开始定时，当到达所指定的定时值（定时值≥设定值）时，定时器的触点动作。当定时器的输入逻辑断开时，定时器立即复位，动合/动断触点也复位，且定时器恢复到设定值。定时器的触点不能直接对外输出，需通过输出继电器控制外部设备，如图 4-8 所示。

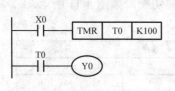

步序	语句
1	LD　X0
2	TMR　T0　K100
3	LD　T0
4	OUT　Y0

图 4-8　定时器梯形图
（a）梯形图；（b）指令表

2. 计数器 CNT 和 DCNT 指令

单向计数器 CNT 的输入端每接通一次，计数值减 1。当计数值减到 0 时，计数器的触点动作。当计数器的复位端接通时，计数器及其触点复位，如图 4-9 所示。

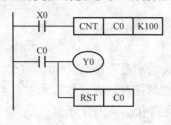

步序	语句
1	LD　X0
2	CNT　C0　K100
3	LD　C0
4	OUT　Y0
5	RST　C0

图 4-9　计数器梯形图
（a）梯形图；（b）指令表

可逆计数器 DCNT 既可递增计数，又可递减计数。加减计数器采用特殊辅助继电器来切换加计数或减计数。当计数器的复位端接通时，计数器及其触点复位，如图 4-10 所示。

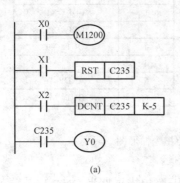

步序	语句
1	LD　X0
2	OUT　M1200
3	LD　X1
4	RST　C235
5	LD　X2
6	DCNT C235　K5
7	LD　C235
8	OUT　Y0

图 4-10　可逆计数器梯形图
（a）梯形图；（b）指令表

4.1.4 主控指令

MC 是主控指令，MCR 是主控复位指令，MC 指令与 MCR 指令是成对使用的。当 MC 指令执行时，位于 MC 与 MCR 指令之间的指令照常执行。当 MC 指令断开时，扫描 MC 与 MCR 指令之间的各梯形图的情况相当于这些梯形图的控制线路均处于"断开"的状态，因此，处于 MC 与 MCR 之间的各计数器和具有失电保持的计数器的当前计数值和计时值保持不变，SET 和 RST 等指令中各软设备的状态或数据保持不变，而普通无失电保持的计数器则会因为"断开"状态而被复位，各逻辑线圈和输出线圈均被切断，如图 4-11 所示。

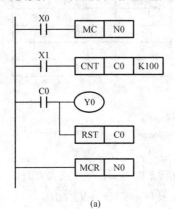

步序	语句
0	LD X0
1	MC N0
2	LD X1
3	CNT C0 K100
4	LD C0
5	OUT Y0
6	RST C0
7	MCR N0

(a)   (b)

图 4-11 主控指令梯形图

（a）梯形图；（b）指令表

在图 4-11 中，MC 与 MCR 分别是主控指令的起始和截止指令，N0 是嵌套级数，最多可以有 8 层，分别是 N0 到 N7。主控指令中 C0 为计数器指令，在计数过程中，当 X0 断开时，X1 断开，C0 不计数，C0 保持断开状态，Y0 断开保持状态，RET 不置位。

4.1.5 触点上升沿和下降沿指令

LDP，ANDP 和 ORP 为上升沿检测触点指令。被检测触点中间有向上箭头，对应的输出触点仅在指定位元件的上升沿时接通一个扫描周期。LDF，ANDF 和 ORF 为下降沿检测触点指令。被检测触点中间有向下箭头，对应输出触点仅在指定位元件的下降沿时接通一个扫描周期。边沿检测触点指令的示例如图 4-12 所示。

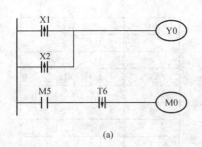

步序	语句
1	LDP X1
2	ORP X2
3	OUT Y0
4	LD M5
5	ANDF T6
6	OUT M0

(a)   (b)

图 4-12 边沿检测触点指令梯形图

（a）梯形图；（b）指令表

在图 4-12 中，X1 或 X2 在上升沿时，Y0 仅在一个扫描周期为 ON；T6 在下降沿时，M0 仅在一个扫描周期为 ON。

4.1.6　脉冲输出指令

PLS 是上升沿微分输出指令。当检测到控制触点闭合的一瞬间，输出继电器或辅助继电器仅接通一个扫描周期。PLF 是下降沿微分输出指令。当检测到控制触点断开的一瞬间，输出继电器或辅助继电器仅接通一个扫描周期。PLS 和 PLF 指令能够操作元件是 Y 和 M。

图 4-13 中的 Y0 仅在 X0 的动合触点由断开变为接通（X0 的上升沿）时的一个扫描周期内为 ON；M0 仅在 X0 的动合触点由接通变为断开（X0 的下降沿）时的一个扫描周期内为 ON。

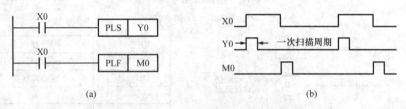

(a)　　　　　　　　　　　　　　　　　　(b)

图 4-13　上下沿微分输出指令梯形图

（a）微分输出指令梯形图；（b）微分输出指令时序图

4.1.7　步进梯形指令

步进梯形指令 SFL 和 RET 和相关内容将在第 6 章进行详细叙述。

4.1.8　其他一般指令

1. 结束指令 END

如图 4-14 所示，在梯形图程序或指令程序最后必须加入 END 指令。PLC 由位置 0 扫描到 END 指令，执行后返回到位置 0 重新扫描。

2. 空指令 NOP

指令 NOP 在程序执行时不做任何运算，因此，执行后仍会保持原逻辑运算结果，如图 4-15 所示。NOP 指令用途如下所述。

（1）预先保留部分程序记忆空间，当 PLC 程序出错时，可写入侦错程序。

（2）想要删除某一指令，而又不改变程序长度，可以用 NOP 指令取代。

（3）想暂时性删除某一指令，可以用 NOP 指令代替。

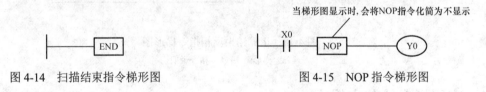

图 4-14　扫描结束指令梯形图　　　　　　图 4-15　NOP 指令梯形图

3. 指针 P 指令

指针 P 指令用于跳转指令 CJ 和子程序呼叫指令 CALL，使用时不需要从编号 0 开始，但是编号不能重复使用，否则会发生不可预期的错误。指针 P 指令用于跳转指令 CJ，指示程序跳转到目的地址，并在目的程序开头输入相同编号的指针 P，如图 4-16 所示，即用于子程序调用指令 CALL，指示子程序的目的地址，并在子程序的开头输入相同编号的指针 P。

4. 中断指针 I 指令

中断服务程序起始位置必须以中断插入指针（I□□□）指示，结束以应用指令 IRET 作中断结束返回。需搭配应用指令 IRET、EI 和 DI 使用，如图 4-17 所示。

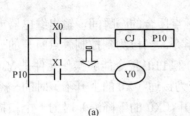

LD X0	X0的A触点与母线相连
CJ P10	跳转指令CJ到P10
...	
P10	指针P10
LD X1	X1的A节点与母线相连
OUT Y0	驱动Y0线圈

(a)   (b)

图 4-16 指针 P 指令梯形图

（a）梯形图；（b）指令说明

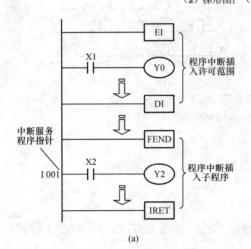

EI	中断插入允许
LD X1	X1触点与母线相连
OUT Y1	驱动Y1线圈
...	
DI	中断插入禁止
...	
FEND	主程序结束
I 001	中断插入指针
LD X2	X2触点与母线相连
OUT Y2	驱动Y2线圈
...	
IRET	中断插入返回

(a)   (b)

图 4-17 中断指针 I 梯形图

（a）梯形图；（b）指令说明

5. 运算结果反相指令 INV

将 INV 指令之前的逻辑运算结果反相存入累加器内，如图 4-18 所示。

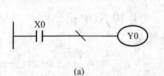

LD X0	X0触点与母线相连
INV	运算结果反相
OUT Y0	驱动Y0线圈

(a)   (b)

图 4-18 运算结果反相指令梯形图

（a）梯形图；（b）指令说明

4.2 应用指令的基本构成

4.2.1 应用指令的编号与格式

DVP ES/EX/SS 系列 PLC 的应用指令是以指令号码 API 00～API 246 来指定的，同时每个指令均有其专用的名称符号，例如，API 12 的指令名称符号为 MOV（数据传送）。若利用梯形图编辑软件（WPLSoft）作该指令的输入，可以直接打入该指令的名称"MOV"，也可以给出指令编号 API 12。若以程序书写器（HPP）输入程序，则必须输入其 API 指令号码。一般情况下，应用指令的结构可分为两部分，即指令名和操作数。指令名表示指令执行功能；操作数表示该指令运算处理的装置。例如，上面提到的 MOV 指令，应用方法见图 4-19。应用指令的指令名部分通常占 1 个地址（Step），而 1 个操作数会根据 16 位指令或 32 位指令的不同占 2 或 4 个地址。图 4-19 中，操作数 S 为源操作数，D 为目的操作数，即指令将源操作数的内容处理后存入目的操作数，MOV 指令就是将源操作数的内容直接存入目的操作数。一个指令中源操作数和目的操作数不一定是 1 个，有时可能是多个。

部分应用指令只有指令名，而没有操作数，通常不能单独出现，而要与其他应用指令配合使用，如图 4-20 所示，NEXT 必须与 FOR 指令配合使用。

图 4-19　应用指令的结构　　　　　图 4-20　无操作数的应用指令

4.2.2　操作数

1. 操作数的数据格式

操作数的数据格式一般有 3 种，如下所述。

（1）装置 X、Y、M 及 S 只能作为单点的 On/Off，可定义为位装置（Bit device）。

（2）装置 T、C、D 及 E、F 等寄存器，可定义为字装置（Word device）。

（3）利用 Kn（其中 n＝1 表示 4 个位，所以 16 位可由 K1～K4，32 位可由 K1～K8）加在位装置 X、Y、M 及 S 前，可定义为字装置，因此，可做字装置的运算，如图 4-21 所示，K2M0 表示 8 位，即 M0～M7，当 X0＝On 时，M0～M7 的状态被存入 D0。

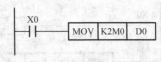

图 4-21　由 Kn 构成的字装置

2. 操作数的长度

应用指令中的操作数长度可以是 16 位或 32 位。一般的数据寄存器长度为 16 位，如 D0。若要寄存 32 位数据时，则必须再占用 1 个寄存器，PLC 程序默认为是 1 编号寄存器，如采用 D10 寄存 32 位数据时，则程序默认将数据存入 D11 和 D10 中，此时 D11 不能再作为独立的寄存器使用。根据操作数长度，相应的应用指令可称为 16 位指令或 32 位指令，32 位的指令只需要在 16 位指令前加上 "D" 来表示即可，如图 4-22 所示。在图 4-22（a）中，K10 为 16 位常数，当 X0＝On 时，可直接存入 16 位寄存器 D0 中，而在图 4-22（b）中，当 X0＝On 时，D11 和 D10 作为 1 个 32 位数被存入 D1 和 D0 中。

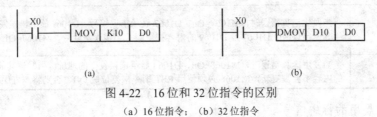

（a）　　　　　　　　　　　　　（b）

图 4-22　16 位和 32 位指令的区别

（a）16 位指令；　（b）32 位指令

3. 操作数的指定对象

（1）X、Y、M、S 等位装置也可以组合成字装置使用，在应用指令里以 KnX、KnY、KnM、KnS 的型态来存放数值数据做运算。

（2）数据寄存器 D，定时器 T，计数器 C，变址寄存器 E、F 都是一般操作数所指定的对象。

（3）数据寄存器一般为 16 位长度，也就是 1 个 D 寄存器，若指定 32 位长度的数据寄存器时，是指定连续号码的 2 个 D 寄存器。

（4）若 32 位指令的操作数指定 D0，则（D1、D0）所组成的 32 位数据寄存器被占用，D1 为上位 16 位，而 D0 为下位 16 位。定时器 T、16 位计数器及 C0～C199 被使用的规则也相同。

（5）32 位计数器 C200～C255，若是当数据寄存器来使用时，只有 32 位指令的操作数可指定。

4.2.3 标志信号

1. 一般的标志信号

DVP 系列 PLC 中有一些标志信号（Flag），会与应用指令的执行结果相对应，例如，M1020 为零标志信号，M1022 为进位标志信号，M1021 为借位标志信号，M1029 为指令执行完毕标志信号。无论哪一个标志信号都会在指令被执行时，随着指令的执行结果做 On 或 Off 的变化，例如，ADD/SUB/MUL 及 DIV 等数值运算指令，执行结果会影响 M1020～M1022。但是当指令不被执行时，标志信号的 On/Off 状态被保持住。请注意上述标志信号的动作，会与许多指令有关，请参阅相关指令说明。

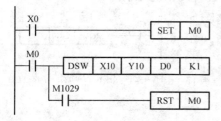

图 4-23 标志信号 M1029 的应用范例

图 4-23 给出了标志信号 M1029 的应用范例。数字开关输入指令 DSW 在条件触点 On 的时候，以 0.1s 的频率，指定 4 个输出点自动循环顺序动作，以读取指拨轮数字开关设定值，当中若是条件触点 Off 时，动作中断，再 On 时，上述的动作再次重新被执行，若是不想有中断情况发生时，请参考下面的回路。当 X0=On 时，DSW 动作；而当 X0=Off 时，必须等到 DSW 动作一次循环完成，M1029=On 后，M0 才 Off。

2. 运算错误标志信号

应用指令的组合错误操作数指定对象超出范围，指令在执行中会有错误现象发生，表 4-1 中的标志信号导通、错误编号也会出现。

表 4-1　　　　　　　　　　　　　运算错误标志信号

装 置	说 明
M1067 D1067 D1069	当发生运算错误时，M1067=On、D1067 显示错误编号、D1069 显示错误发生的地址。当发生其他错误时，D1067 及 D1069 的内容被更新。当错误解除时，M1067=Off
M1068 D1068	当发生运算错误时，M1068=On、D1068 显示错误发生的地址。当发生其他错误时，D1068 的内容不会被更新，M1068 必须使用 RST 指令来复位成 Off，否则将一直保持住

3. 功能扩展用的标志信号

有些应用指令可利用专用标志信号来扩展原有的功能，或直接利用标志信号来完成特殊功能应用。例如，通信命令 RS，可利用 M1161 作为切换 8bit 及 16bit 传输模式。

4.2.4 指令使用的次数限制

少数指令在程序中有使用次数限制，可参见相关手册。但是，可在操作数中使用变址寄存器来加以修饰，将指令功能发挥得更大。

在 ES/EX/SS 系列 PLC 的控制程序中，应用指令 API 58（PWM）、API 74（SEGL）和 API 60（IST）只能使用 1 次；应用指令 API 57（PLSY）和 API 59（PLSR）最多使用 2 次；应用指令 API 53（DHSCS）和 API 54（DHSCR）总计最多使用 4 次。

4.2.5　对 Kn 型字装置的处理

X、Y、M、S 等作为位装置只有 On/Off（1/0）变化，但是加上 Kn 后，位装置也能以数值的型态（字装置）被使用于应用指令的操作数当中。位装置的编号可自由指定，但是 X 及 Y 的个位数号码请尽可能的指定 0，如 X0、X10、X20、…、Y0、Y10。M 及 S 的个位数号码尽可能的指定为 8 的倍数，但仍指定为 0 较恰当，如 M0、M10、M20 等。

16 位 Kn 型字装置可使用 K1～K4 表示，而 32 位 Kn 型字装置则可使用 K1～K8 表示。例如，K2M0 是由 M0～M7 所组成的 8 位数值。将 K1M0、K2M0、K3M0 传送至 16 位的寄存器当中，不足的上位数据补 0。将 K1M0、K2M0、K3M0、K4M0、K5M0、K6M0、K7M0 传送至 32 位的寄存器也一样，不足的上位数据补 0。

4.2.6　浮点数的表示方法

1. 二进制浮点数表示法

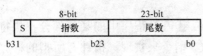

图 4-24　二进制浮点数表示法

台达 PLC 采用 IEEE754 的标准，32-bit 的长度表示浮点数，图 4-24 给出了二进制浮点数表示法，其中，S 为符号位，0 表示正数，1 表示负数。

若 E 为指数，M 为尾数，则这样可表示的浮点数大小为 $(-1)^S \times 2^{E-B} \times (1.M)$，其中，B= 127。因此，32-bit 长度的浮点数范围为 $\pm 2^{-126} \sim \pm 2^{+128}$，相当于 $\pm 1.175\,5 \times 10^{-38} \sim \pm 3.402\,8 \times 10^{+38}$。

若要采用 32-bit 的浮点数表示-23，则先将 23 转换成二进制数，即 23.0=10 111，且 S=1；再将二进制数正规化，即 $10\,111=1.011\,1 \times 2^4$，其中尾数 M=0111，指数 E=4；然后计算指数的存储值，即 $E = B+4=131=10000011_2$；最后组合符号位、指数、尾数成为浮点数，即

1 10000011 01110000000000000000000

2. 十进制浮点数

二进制浮点数难以理解，因此可转换成十进制浮点数，但是 PLC 对小数点的运算仍旧是使用二进制浮点数。十进制浮点数是使用 2 个连续号码的寄存器来表现，较小编号的寄存器号码存放常量部分、较大编号的寄存器号码存放指数部分。以寄存器（D1-D0）来存放一个十进制浮点数为例，说明如下：

十进制浮点数= [底数 D0]$\times 10^{[指数\ D1]}$

底数 D0 = $\pm 1000 \sim \pm 9999$

指数 D1 = $-41 \sim +35$

另外，底数 100 不存在于 D0 的内容，因为 100 是以 1000×10^{-1} 来表现。十进制浮点数的范围为 $\pm 1175 \times 10^{-41} \sim \pm 3402 \times 10^{+35}$。

二进制浮点数与十进制浮点数可使用指令 API118（DEBCD）和 API119（DEBIN）相互转化。

3. 与浮点运算指令相对应的标志信号

零标志信号：浮点运算结果为 0 时，M1020=On。

借位标志信号：浮点运算结果超出最小处理单位时，M1021=On。

进位标志信号：浮点运算结果绝对值超出使用范围时，M1022=On。

4.2.7 变址寄存器 E、F 对操作数的修饰

ES/EX/SS 机型有 E0、F0 共 2 点变址寄存器，与一般的数据寄存器一样，E、F 都是 16 位的数据寄存器，可以自由的被写入和读出。如果要使用 32 位长度时，必须指定 E，在此种情况下，F 就被 E 所涵盖，F 不能再使用，否则会使得 E 的内容不正确，建议使用 MOVP 指令在开机时，就将 F 的内容清除为 0。使用 32 位长度的变址寄存器，E、F 组合（F0，E0），即 F0 为上 16 位，E0 为下 16 位。

ES/EX/SS 系列 PLC 中 E、F 可修饰的装置有 P、X、Y、M、S、KnX、KnY、KnM、KnS、T、C、D。但是，E、F 不可修饰本身，也不可以修饰 Kn，即 K4M0E0 有效、K0E0M0 无效。

4.3 应用指令的分类说明

4.3.1 程序流程控制指令

1. 条件转移指令 CJ

CJ 指令有 1 个操作数，即条件跳转的目的指针 P。当希望 PLC 程序中的某一部分不执行时（以缩短扫描周期），以及使用于双重输出时，可使用 CJ 指令来实现。指针 P 所指的程序若在 CJ 指令之前，需注意会发生 WDT 超时错误，PLC 会停止运行。

CJ 指令可重复指定同一指针 P，即从程序不同处向同一地址跳转。

跳转执行中各种装置动作情形说明如下：

（1）Y、M、S 保持跳转发生前的状态。

（2）执行计时中的 10、100ms 定时器会暂停计时。

（3）执行子程序用定时器 T192～T199 会继续计时，且输出触点正常动作。

（4）执行计数中的高速计数器会继续计数，且输出触点正常动作。

（5）一般计数器会停止计数。

（6）定时器的清除指令若在跳转前被驱动，则在跳转执行中该装置仍处于清除状态。

（7）一般应用指令不会被执行。

（8）执行中的应用指令 API 53 DHSCS、API 54 DHSCR、API 55 DHSZ、API56 SPD、API 57 PLSY、API 58 PWM、API 59 PLSR、API 157 PLSV、API 158 DRVI、API 159 DRVA 继续执行。

图 4-25 给出了 CJ 指令的一般应用。当 X0=On 时，程序自动从地址 0 跳转至地址 N，即指定指针 P1，继续执行，中间地址跳过不执行。当 X0=Off 时，程序如同一般程序由地址 0 继续往下执行，此时 CJ 指令不被执行。

CJ 指令在 MC、MCR 指令间可使用在下列 5 种情况。

（1）在 MC～MCR 外。

（2）在 MC 外至 MC 内，如图 4-26，P1 以下回路有效。

（3）同一 N 层 MC 内至 MC 内。

（4）在 MC 内至 MCR 外。

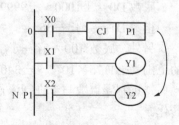

图 4-25 CJ 指令的一般应用图

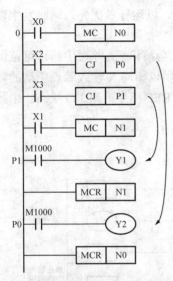

图 4-26 CJ 指令在 MC、MCR
指令间的应用

（5）自 MC～MCR 内跳至另一 MC～MCR 内。此功能仅在 ES 系列机型 V4.9 版（含）以上版本支持。ES 系列机型 V4.7 版（含）以下版本动作说明：CJ 指令在 MC、MCR 指令间使用仅可使用在 MC～MCR 外或 MC～MCR 同一 N 层内，不可以从此 MC～MCR 跳至另一 MC～MCR，否则会产生错误。即上列的情况（1）、（3）可正确动作，其余会产生错误。

当执行 MC 指令时，PLC 会将之前开关触点的状态推入 PLC 内部自定的堆栈中，而此堆栈由 PLC 自行控制，使用者无法改变；而后当执行到 MCR 指令时，会由堆栈的最上层取出之前的开关触点状态，当在上面（2）、（4）、（5）的状况下时，则有可能会发生推入 PLC 内部堆栈与取出堆栈的次数不相同的情况，遇到这种状况时，堆栈最多能堆入 8 层，而另外取出堆栈的值最多取到堆栈为空时则不再取出，所以在搭配 CALL 或 CJ 等跳转指令时须注意堆栈的堆入和取出。

2. 调用子程序指令 CALL

CALL 命令的操作数为指针。由 CALL 命令 PLC 主程序暂停，从而开始执行指针所指定的子程序。子程序必须在 FEND 指令后编写。指针 P 的号码在被 CALL 使用时，不可与 CJ 指令使用相同的号码，否则会产生错误。若仅使用 CALL 指令则可不限次数呼叫同一指针号码的子程序。子程序中再使用 CALL 指令呼叫其他子程序，包括本身最多可五层，若进入第六层则该子程序不执行。

3. 子程序结束指令 SRET

SRET 指令无操作数，也不用触点驱动，表示子程序结束。子程序运行结束时由 SRET 返回主程序，运行原呼叫该子程序 CALL 指令的下一个指令。图 4-27 给出了 CALL 与 SRET 梯形图。

4. 中断返回指令 IRET

IRET 指令无操作数，也不用触点驱动，表示中断子程序。中断服务子程序运行结束时由 IRET 返回主程序，运行原程序产生中断的下一个指令。

5. 允许中断指令 EI

EI 指令无操作数，也不用触点驱动，中断插入信号的脉冲宽度必须在 200μs 以上，各机型的 I 编号范围请参考相关的使用手册。

6. 禁止中断指令 DI

DI 指令无操作数，也不用触点驱动。

EI 表示程序中允许使用中断子程序，如外部中断、定时中断、高速计数器中断。程序中在 EI 指令到 DI 指令间允许使用中断子程序，在程序中若无中断插入禁能之区间时，则可以不使用 DI 指令。ES 系列机型当驱动中断禁止的特殊辅助继电器 M1050～M1059 时，即使在中断许可范围内，相对应的中断要求也不运行。中断用的指标（I）必须在 FEND 指令之后。

当中断程序在运行中，禁止其他中断发生。当多数中断发生时，以运行者优先，同时发生以指标编号较小者优先。

在 DI～EI 指令之间发生的中断要求无法立即运行，此要求会被记忆，并在中断许可范围内时，才去运行中断子程序。当使用中断指标时，请勿重复使用以相同 X 输入触点驱动的高速计数器。当中断处理中要结束 I/O 动作时，可在程序中写入 REF 指令更新 I/O 状态。中断指令范例如图 4-28 所示。

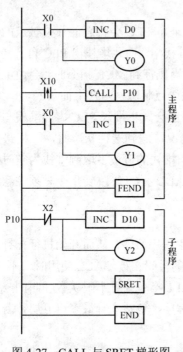

图 4-27　CALL 与 SRET 梯形图

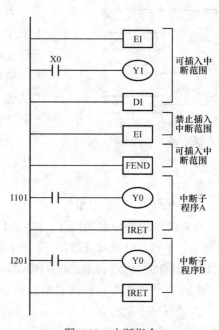

图 4-28　中断指令

7. 主程序结束指令 FEND

FEND 指令代表主程序结束，当 PLC 执行至此指令时，与 END 指令相同。

CALL 指令的程序必须写在 FEND 指令后，并且在该子程序结束加上 SRET 指令，而在中断程序也必须写在 FEND 之后，并在该服务程序结束加上 IRET 指令。若使用多个 FEND 指令时，要将子程序及中断服务程序设计在最后的 FEND 和 END 指令之间。CALL 指令执行后，在 SRET 指令执行前执行 FEND 指令会发生程序错误。FOR 指令执行后，在 NEXT 指令执行前执行 FEND 指令会发生程序错误。

8. 超时监视时钟指令 WDT

DVP 系列 PLC 系统中有一超时监视定时器（Watchdog Timer），用来监视 PLC 系统的正常运行。WDT 指令可用来清除 PLC 中监视定时器的计时时间。当 PLC 的扫描（由地址 0 至 END 或 FEND 指令执行时间）超过 200ms 时，PLC ERROR 的指示灯会亮，使用者必须将 PLC 电源 Off 再 On，PLC 会依据 RUN/STOP 开关来判断 RUN/STOP 状态，若无 RUN/STOP 开关，则 PLC 会自动回到 STOP 状态。

超时监视定时器动作的情况如下所述。

（1）PLC 系统发生异常。

（2）程序执行时间太长，造成扫描周期大于 D1000 的内容值。此时，有两种方法进行调整，一是使用 WDT 指令；二是可由 D1000（出厂设定值为 200ms）的设定值改变超时监视时间。

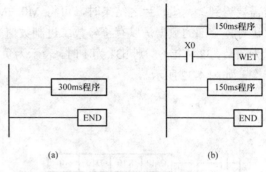

如图 4-29 所示，若程序扫描周期为 300ms，则可将程序分割为两部分，并在中间放入 WDT 指令，使得前半及后半程序都在 200ms 以下。

图 4-29　超时监视定时器
(a) 300ms 程序；(b) 用 WET 重新计算

9. 循环范围开始和结束指令 FOR 和 NEXT

由 FOR 指令指定 FOR～NEXT 循环来回执行 N 次后，跳出 FOR～NEXT 循环从而往下继续执行。指定次数范围 N=K1～K32 767，当指定次数范围 N≤K1 时，都视为是 K1。当不执行 FOR～NEXT 回路时，可使用 CJ 指令来跳出回路。

下列情形会产生错误：

（1）NEXT 指令在 FOR 指令之前。

（2）有 FOR 指令没有 NEXT 指令。

（3）FEND 或 END 指令之后有 NEXT 指令时。

（4）FOR～NEXT 指令个数不同时。

循环式 FOR～NEXT 回路最多可使用 5 层。要注意回路次数过多时，会使 PLC 扫描周期增加有可能造成超时监视定时器动作，而导致错误产生，这时，可使用 WDT 指令解决。图 4-30 为 FOR 和 NEXT 指令应用范例。

在图 4-30（a）中，A 程序执行 3 次后在到 NEXT 指令以后的程序继续执行。而 A 程序每执行一次 B 程序会执行 4 次，所以 B 程序合计共执行 3×4＝12 次。在图 4-30（b）中，当 X0=Off 时，PLC 会执行 FOR-NEXT 之间的程序；当 X1=On 时，CJ 指令执行跳转至 P6 处，FOR-NEXT 之间的程序跳过不执行。

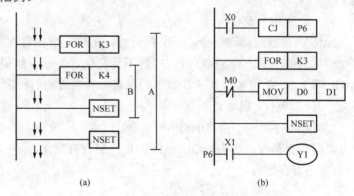

图 4-30　FOR 和 NEXT 指令应用范例
(a) 例 1；(b) 例 2

4.3.2　传送比较指令

1. 比较设定输出指令 CMP

CMP 指令是将 2 个操作数大小进行比较，并将结果输出，使用方法如图 4-31 所示。指定装置为 M0，则自动占有 M0，M1 及 M2。当 X0=On 时，CMP 指令执行，Y0、Y1 及 Y2 其中之一会 On；当 X0=Off 时，CMP 指令不执行，Y0、Y1 及 Y2 保持在 X0=Off 之前的状态。

若需要得到≥、≤、≠之结果时，可将 M0～M2 串并联即可取得。CMP 大小比较是以代数来进行，全部的数据是以有符号数二进制数值来作比较。因 16 位指令，则 b15 为 1 时，表示为负数；32 位指令，则 b31 为 1 时，表示为负数。若要清除其比较结果请使用 RST 或 ZRST 指令，如图 4-32 所示。

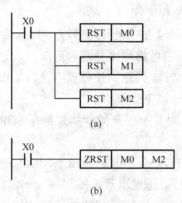

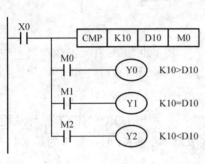

图 4-31　CMP 指令应用

图 4-32　CMP 比较结果清除
（a）RST 清除；（b）ZRST 清除

2. 区域比较指令 ZCP

ZCP 指令是将操作数与下限及上限作比较，并输出结果，使用方法如图 4-33 所示。ZCP 比较是以代数来进行，全部的数据是以有号数二进制数值来作比较。因此 16 位指令，b15 为 1 时，表示为负数；32 位指令，则 b31 为 1 时，表示为负数。指定装置为 M0，则自动占有 M0、M1 及 M2。当 X0=On 时，ZCP 指令执行，M0、M1 及 M2 其中之一会 On；当 X0=Off 时，ZCP 指令不执行，M0、M1 及 M2 保持在 X0=Off 之前的状态。若要清除其结果请使用 RST 或 ZRST 指令。

3. 传送指令 MOV

MOV 是数据传送指令，当其执行时，将给定数据寄存器的内容直接转移至另一给定数据寄存器内；当指令不执行时，内容不会变化。若演算结果为 32 位输出时，（如应用指令 MUL 等）和 32 位装置高速计数器的现在值数据搬动则必须要用 DMOV 指令。16 位数据搬移，须使用 MOV 指令。

如图 4-34 所示，当 X0=Off 时，D0 内容没有变化，若 X0=On 时，将数值 K10 传送至 D0 数据寄存器内。当 X1=Off 时，D10 内容没有变化，若 X1=On 时，将 T0 现在值传送至 D10 数据寄存器内。

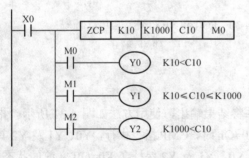

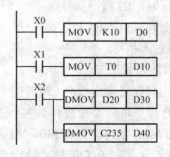

图 4-33　ZCP 指令应用

图 4-34　MOV 指令应用

32 位数据搬移，须使用 DMOV 指令。当 X2=Off 时，（D31-D30）、（D41-D40）内容没有变化；若 X2=On 时，将（D21-D20）现在值传送至（D31-D30）数据寄存器内。同时，将 C235 现在值传送至（D41-D40）数据寄存器内。

4. 反转传送指令 CML

CML 指令是将给定数据寄存器的内容全部反相（0→1、1→0）传送至另一给定数据寄存器内。如果内容为 K 常量时，此 K 常量自动被转换成 BIN 值。希望作反相输出时，使用本指令。如图 4-35 所示，当 X0=On 时，将 D10 的 b0～b3 内容反相后传送到 Y0～Y3。

5. 全部传送指令 BMOV

BMOV 指令是将所指定的装置起始号码开始算 n 个寄存器的内容传送至所指定的装置起始号码开始算 n 个寄存器中。如果 n 所指定点数超过该装置的使用范围时，只有有效范围被传送。如图 4-36 所示，当 X0=On 时，D0～D3 四个寄存器的内容被传送至 D20～D23 的四个寄存器内。

图 4-35　CML 指令应用　　　　　　　　图 4-36　BMOV 指令应用

6. 多点移动指令 FMOV

FMOV 指令是将数据寄存器的内容传送至所指定的装置起始号码开始算 n 个寄存器中，如果 n 所指定点数超过该装置的使用范围时，只有有效范围被传送。ES 系列机型不支持 KnX、KnY、KnM、KnS 装置 E、F 修饰。如图 4-37 所示，当 X0=On 时，K10 被传送到由 D10 开始的连续 5 个寄存器中。

7. 数据交换指令 XCH

XCH 指令是将两个数据寄存器的内容交换。如图 4-38 所示，X0=Off→On 时，D20 与 D40 的内容互相交换。

图 4-37　FMOV 指令应用　　　　　　　　图 4-38　XCH 指令应用

8. BCD 转换指令 BCD

BCD 指令是将数据寄存器的内容作 BCD 转换，存于另一数据寄存器中。当 BCD 转换结果超过 0～9999 时，M1067、M1068=On，D1067 记录错误码 0E18（Hex），BCD 值以 Hex 表示有任一位数不在 0～9 的范围内。在 DBCD 转换结果若超过 0～99 999 999，M1067、M1068=On，D1067 记录错误码 0E18（Hex）。PLC 内的四则运算中用到 INC、DEC 指令都是以 BIN 方式来执行。所以在应用方面，当要看到 10 进制数值的显示器时，用 BCD 转换即可将 BIN 值变为 BCD 值输出。如图 4-39 所示，当 X0=On 时，D10 的 BIN 值被转换成 BCD 值后，将结果的个位数存于 K1Y0（Y0～Y3）四个 bit 组件。若 D10=001E（Hex）=0030（十进制），则执行结果 Y0～Y3=0000（BIN）。

9. BIN 转换指令 BIN

BIN 指令将数据寄存器的内容作 BIN 转换，存于另一数据寄存器。数据来源的内容有效数值范围：BCD（0~9999），DBCD（0~99 999 999）。当数据内容并非为 BCD 值（以 Hex 表示有任一位数不在 0~9 的范围内），则将会产生运算错误，M1067、M1068=On，D1067 记录错误代码 0E18（Hex）。常量 K、H 会自动转换成 BIN，故不需运用此指令。如图 4-40 所示，当 X0=On 时，K1M0 的 BCD 值被转换成 BIN 值后，将结果存于 D10 中。

图 4-39 BCD 指令应用　　　　　　　　图 4-40 BIN 指令应用

4.3.3　四则逻辑运算指令

1. BIN 加法指令 ADD

ADD 指令是将两个数据寄存器内容以 BIN 方式相加的结果存于第 3 个寄存器内。各数据的最高位为符号位，0 为正，1 为负，因此，可做代数加法运算，例如，3+（-9）=-6。

ADD 加法相关标志变化如下所述。

16 位 BIN 加法：

（1）当演算结果为 0 时，零标志 M1020 为 On。

（2）当演算结果小于 -32 768 时，借位标志 M1021 为 On。

（3）当演算结果大于 32 767 时，进位标志 M1022 为 On。

32 位 BIN 加法：

（1）当演算结果为 0 时，零标志 M1020 为 On。

（2）当演算结果小于 -2 147 483 648 时，借位标志 M1021 为 On。

（3）当演算结果大于 2 147 483 647 时，进位标志 M1022 为 On。

如图 4-41（a）所示，16 位 BIN 加法：当 X0=On 时，被加数 D0 内容加上加数 D10 的内容将结果存在 D20 的内容当中。

如图 4-41（b）所示，32 位 BIN 加法：当 X1=On 时，被加数（D31-D30）内容加上加数（D41-D40）之内容将结果存在（D51-D50）中。其中，D30、D40、D50 为低 16 位数据，D31、D41、D51 为高 16 位数据。

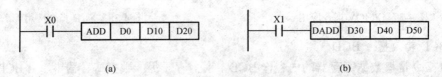

(a)　　　　　　　　　　　　　　　　(b)

图 4-41 BIN 加法指令应用

(a) 16 位加法；(b) 32 位加法

2. BIN 减法指令 SUB

SUB 指令是两个数据寄存器内容以 BIN 方式相减的结果存于第 3 个寄存器内。各数据的最高位为符号位，0 表（正），1 表（负），因此，可作代数减法运算。

减法相关标志变化如下所述。

16 位 BIN 减法：

（1）当演算结果为 0 时，零标志 M1020 为 On。

（2）当演算结果小于–32 768 时，借位标志 M1021 为 On。

（3）当演算结果大于 32 767 时，进位标志 M1022 为 On。

32 位 BIN 减法：

（1）当演算结果为 0 时，零标志 M1020 为 On。

（2）当演算结果小于 –2 147 483 648 时，借位标志 M1021 为 On。

（3）当演算结果大于 2 147 483 647 时，进位标志 M1022 为 On。

16 位 BIN 减法：当 X0=On 时，将 D0 内容减掉 D10 内容将差存在 D20 的内容中，如图 4-42（a）所示。

32 位 BIN 减法：当 X1=On 时，(D31-D30)内容减掉(D41-D40)的内容将差存在(D51-D50) 中。其中，D30、D40、D50 为低 16 位数据，D31、D41、D51 为高 16 位数据，如图 4-42（b）所示。

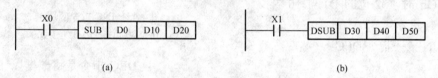

（a）　　　　　　　　　　　　　　　　　（b）

图 4-42　BIN 减法指令应用

（a）16 位减法；（b）32 位减法

3. BIN 乘法指令 MUL

MUL 指令是将两个数据寄存器内容以有符号数二进制方式相乘后的积存于第 3 个寄存器内。必须注意当 16 位及 32 位运算时数据的正负号位。正数的符号位为 0，负数的符号位为 1。

16 位 BIN 乘法运算：$b15\ldots b0 \times b15\ldots b0 = b31\ldots b16\ b15\ldots b0$

b15 和 b31 为符号位。结果寄存器为位装置时，可指定 K1～K4 构成 16 位，占用连续 2 组，ES 机型只储存低 16 位资料。

32 位 BIN 乘法运算：$b31\ldots b0 \times b31\ldots b0 = b63\ldots b0$

b31 和 b63 为符号位。为位装置时，仅可指定 K1～K8 构成 32 位，占用连续 2 组 32 位数据。

如图 4-43 所示，当 X0=On 时，16 位 D0 乘上 16 位 D10 其结果是 32 位之积，上 16 位存于 D21，下 16 位存于 D20 内，结果的正负由最左边位 Off/On 来代表正或负值。

4. BIN 除法指令 DIV

DIV 指令是将两个数据寄存器内容以有符号数二进制方式相除后的结果存于第 3 个寄存器内。必须注意 16 位及 32 位运算时，数据的正负号位。正数的符号位为 0，负数的符号位为 1。

16 位 BIN 除法运算：$b15\ldots b0\ /\ b15\ldots b0 = b31\ldots b16\ b15\ldots b0$

b15 和 b31 为符号位。结果寄存器为位装置时，可指定 K1～K4 构成 16 位，占用连续 2 组，ES 机型只储存低 16 位资料。

32 位 BIN 除法运算：$b31\ldots b0\ /\ b31\ldots b0 = b63\ldots b0$

b31 和 b63 为符号位。为位装置时，仅可指定 K1～K8 构成 32 位，占用连续 2 组 32 位数据。

如图 4-44 所示，当 X0=On 时，16 位 D0 除以 16 位 D10 其结果为 32 位，上 16 位存于 D21，下 16 位存于 D20 内，结果的正负由最左边位 Off/On 来代表正或负值。

图 4-43 MUL 指令应用   图 4-44 MUL 指令应用

5. BIN 加一指令 INC

INC 指令是将数据以 BIN 形式加 1。若使用动合触点，当指令执行时，程序每次扫描周期被指定的装置内容都会加 1，因此，应使用上升沿进行触发。当 16 位运算时，32 767 再加 1 则变为 –32 768。当 32 位运算时，2 147 483 647 再加 1 则变为 –2 147 483 648。INC 指令运算结果不会影响标志信号 M1020～M1022。如图 4-45 所示，当 X0=Off→On 时，16 位的 D0 内容自动加 1，当 X1=Off→On 时，32 位的 D11-D10 内容自动加 1。

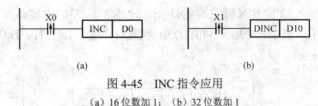

(a)   (b)

图 4-45 INC 指令应用

（a）16 位数加 1；（b）32 位数加 1

6. BIN 减一指令 DEC

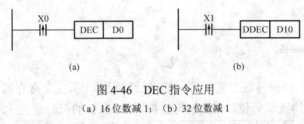

(a)   (b)

图 4-46 DEC 指令应用

（a）16 位数减 1；（b）32 位数减 1

DEC 指令是将数据以 BIN 形式减 1。若使用动合触点，当指令执行时，程序每次扫描周期被指定的装置内容都会减 1，因此，应使用上升沿进行触发。当 16 位运算时，–32 767 再减 1 则变为 32 768。当 32 位运算时，–2 147 483 647 再减 1 则变为 2 147 483 648。DEC 指令运算结果也不会影响标志信号 M1020～M1022。如图 4-46 所示，当 X0=Off→On 时，16 位的 D0 内容自动减 1，当 X1=Off→On 时，32 位的 D11-D10 内容自动减 1。

7. 逻辑与运算指令 WAND

WAND 指令是将两个数据作逻辑的"与"（AND）运算并将结果存于另一个数据寄存器内。逻辑的"与"（AND）的运算规则为 0AND0=0，0AND1=0，1AND0=0，1AND1=1。16 位数"与"运算指令为 WAND，32 位数"与"运算指令为 DAND。

如图 4-47 所示，当 X0=On 时，16 位 D0 与 D2 作逻辑 AND 运算，将结果存于 D4 中。当 X1=On 时，32 位（D11-D10）与（D21-D20）作逻辑 AND 运算，将结果存于（D41-D40）中。

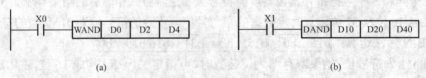

(a)   (b)

图 4-47 AND 指令应用

（a）16 位数据与运算；（b）32 位数据与运算

8. 逻辑或运算指令 WOR

WOR 指令是将两个数据作逻辑的"或"（OR）运算并将结果存于另一个数据寄存器内。逻辑的"或"（OR）的运算规则为 0OR0=0，0OR1=1，1OR0=1，1OR1=1。16 位数"或"运算指令为 WOR，32 位数"或"运算指令为 DOR。

如图 4-48 所示，当 X0=On 时，16 位 D0 与 D2 作逻辑 OR 运算，将结果存于 D4 中。当 X1=On 时，32 位（D11-D10）与（D21-D20）作逻辑 OR 运算，将结果存于（D41-D40）中。

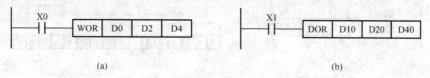

图 4-48　OR 指令应用

（a）16 位数据或运算；（b）32 位数据或运算

9. 逻辑异或运算指令 WXOR

XOR 指令是将两个数据作逻辑的"异或"（XOR）运算并将结果存于另一个数据寄存器内。逻辑的"异或"（XOR）的运算规则为 0XOR0=0，0XOR1=1，1XOR0=1，1XOR1=0。16 位数"异或"运算指令为 WXOR，32 位数"异或"运算指令为 DXOR。

如图 4-49 所示，当 X0=On 时，16 位 D0 与 D2 作逻辑 XOR 运算，将结果存于 D4 中。当 X1=On 时，32 位（D11-D10）与（D21-D20）作逻辑 XOR 运算，将结果存于（D41-D40）中。

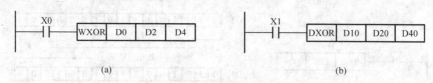

图 4-49　XOR 指令应用

（a）16 位数据异或运算；（b）32 位数据异或运算

10. 取补码运算指令 NEG

NEG 指令是将数据以 BIN 形式取补码运算。如图 4-50（a）所示，当 X0=Off→On 时，D10 内容的各位全部反相（0→1、1→0）后再加 1 存放于原寄存器 D10 当中。也可用于求负数的绝对值，如图 4-50（b）所示，当 D0 的第 15 个位为"1"时，表示为负数，M0=On；当 M0=On 后，用 NEG 指令将 D0 取 2 的补码可得到其绝对值。

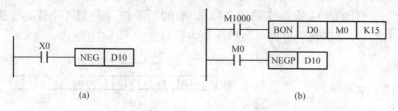

图 4-50　NEG 指令应用

（a）补码运算；（b）取负数的绝对值

4.3.4　循环移位与移位指令

1. 右循环移位指令 ROR

ROR 指令是将指定数据寄存器的内容一次向右循环 n 个位。若使用动合触点，当指令执行时，程序每次扫描周期被指定的数据寄存器内容都会向右循环一次，因此，应使用上升沿进行触发。如图 4-51（a）所示，当 X0 从 Off→On 变化时，D10 的 16 个位以 4 个位为一组往右循环，如图 4-51（b）所示，标明*的位内容被传送至进位标志信号 M1022 内。

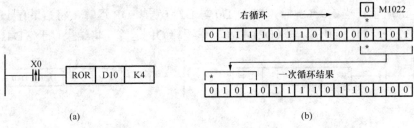

图 4-51 ROR 指令应用

（a）ROR 指令梯形图；（b）ROR 指令执行过程与结果

2. 左循环移位指令 ROL

ROL 指令是将指定数据寄存器的内容一次向左循环 n 个位。若使用动合触点，当指令执行时，程序每次扫描周期被指定的数据寄存器内容都会向左循环一次，因此，应使用上升沿进行触发。如图 4-52（a）所示，当 X0 从 Off→On 变化时，D20 的 16 个位以 6 个位为一组往右循环，如图 4-52（b）所示，标明*的位内容被传送至进位标志信号 M1022 内。

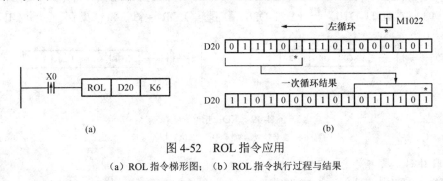

图 4-52 ROL 指令应用

（a）ROL 指令梯形图；（b）ROL 指令执行过程与结果

3. 附进位旗标右循环 RCR

RCR 指令是将指定数据寄存器的内容连同进位标志 M1022，一次向右循环 n 个位。若使用动合触点，当指令执行时，程序每次扫描周期被指定的数据寄存器内容连同进位标志 M1022 都会向右循环一次，因此，应使用上升沿进行触发。如图 4-53（a）所示，当 X0 从 Off→On 变化时，D10 的 16 个位连同进位标志 M1022 共 17 个位以 4 个位为一组往右循环，如图 4-53（b）所示，标明*的位内容被传送至进位标志信号 M1022 内。

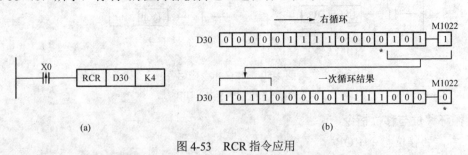

图 4-53 RCR 指令应用

（a）RCR 指令梯形图；（b）RCR 指令执行过程与结果

4. 附进位旗标左循环 RCL

RCL 指令是将指定数据寄存器的内容连同进位标志 M1022，一次向左循环 n 个位。若使用动合触点，当指令执行时，程序每次扫描周期被指定的数据寄存器内容连同进位标志

M1022 都会向左循环一次，因此应使用上升沿进行触发。如图 4-54（a）所示，当 X0 从 Off
→On 变化时，D10 的 16 个位连同进位标志 M1022 共 17 个位以 6 个位为一组往左循环，如
图 4-54（b）所示，标明*的位内容被传送至进位标志信号 M1022 内。

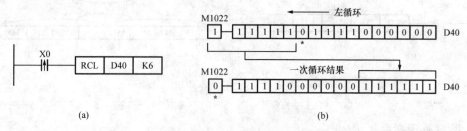

图 4-54 RCL 指令应用
（a）RCL 指令梯形图；（b）RCL 指令执行过程与结果

5. 位右移指令 SFTR

SFTR 指令是将指定数据寄存器 D 开始的起始编号，具有 n 个数字（移位寄存器长度）
的位装置，以 m 位个数来右移。而另一数据寄存器 S 开始起始编号以 m 位个数移入 D 中来
填补位空位。如图 4-55 所示，在 X0 上升沿时，由 M0～M15 组成 16 位，以 4 位作右移。扫
描一次的位右移动作依照下列编号①～⑤动作。

① M3～M0 → 进位。
② M7～M4 → M3～M0。
③ M11～M8 → M7～M4。
④ M15～M12 → M11～M8。
⑤ X3～X0 → M15～M12 完成。

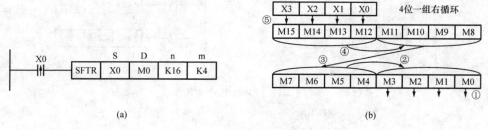

图 4-55 SFTR 指令应用
（a）SFTR 指令梯形图；（b）SFTR 指令执行过程与结果

6. 位左移指令 SFTL

SFTL 指令是将指定数据寄存器 D 开始的起始编号，具有 n 个数字符（移位寄存器长度）
的位装置，以 m 位个数来左移。而另一数据寄存器 S 开始起始编号以 m 位个数移入 D 中来
填补位空位。如图 4-56 所示，在 X0 上升沿时，由 M0～M15 组成 16 位，以 4 位作左移。扫
描一次的位左移动作依照下列编号①～⑤动作。

① M15～M12 → 进位。
② M11～M8 → M15～M12。
③ M7～M4 → M11～M8。
④ M3～M0 → M7～M4。

⑤ X3～X0 → M3～M0 完成。

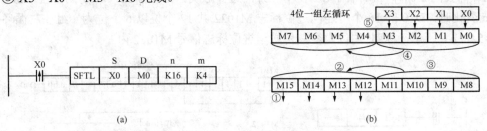

(a)　　　　　　　　　　　　　　　　(b)

图 4-56　SFTL 指令应用

（a）SFTL 指令梯形图；（b）SFTL 指令执行过程与结果

4.3.5　数据处理指令

1. 区域清除 ZRST

ZRST 指令是将两个装置之间的所有装置复位，即数据寄存器写入 0，并将触点及线圈改为 OFF。ES/EX/SS 系列 16 位计数器与 32 位计数器不可混在一起使用 ZRST 指令。

如图 4-57（a）所示，当 X0 为 On 时，辅助继电器 M300～M399 被清除成 Off。当 X1 为 On 时，16 位计数器 C0～C127 全部复位（写入 0，并将触点及线圈清除成 Off）。当 X2 为 On 时，定时器 T 0～T127 全部复位（写入 0，并将触点及线圈清除成 Off）。

如图 4-57（b）所示，当 X3 为 On 时，步进点 S0～S127 被复位成 Off。当 X4 为 On 时，数据寄存器 D0～D100 数据被复位为 0。当 X5 为 On 时，32 位计数器 C235～C254 全部复位（写入 0，并将触点及线圈复位成 Off）。

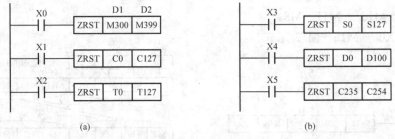

(a)　　　　　　　　　　　　　　　　(b)

图 4-57　ZRST 指令应用

（a）ZRST 指令梯形图 1；（b）ZRST 指令梯形图 2

ZRST 指令使用注意：D1 操作数编号≤D2 操作数编号。而当 D1 操作数编号＞D2 操作数编号时，只有 D2 指定的操作数被复位。D1、D2 操作数必须指定相同类型装置；各装置使用范围请参考各系列机型功能规格表。

2. 译码器 DECO

DECO 指令是将来源装置 S 的下位 "n" 位作译码，并将其 "2^n" 位长度的结果存于目标装置 D 中。可作最大译码 2^8= 256 点。注意译码后的装置储存范围，不能重复使用。

如图 4-58 所示，当 n=8 时，X10＝Off→On，DECO 指令将 X0～X2 的内容值译码到 M0～M7。当数据源为 1+2＝3 时，从 M0 开始算第 3 个位 M3 设定为 1。当 DECO 指令执行过后，而 X10 变为 Off，已经作译码输出的照常动作。

DECO 指令使用注意：当 D 操作数为位装置时，n 操作数范围 n=1～8，若 n=0 或 n＞8 时，会发生错误；当 D 操作数为字符装置时，n 操作数范围 n=1～4。

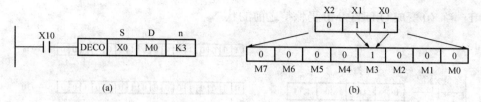

图 4-58　DECO 指令应用

（a）DECO 指令梯形图；（b）DECO 指令执行过程与结果

3. 编码器 ENCO

ENCO 指令是将来源装置 S 的下位 "2^n" 位长度的数据作编码，并将结果存于目标装置 D 中。当 n=8 时，可作 2^8= 256 点编码。若编码来源 S 有多数位为 1 时，则只处理由高位往低位的第 1 个为 "1" 的位。若编码来源 S 都没有位为 1 时，则 M1067、M1068=On，D1067 记录错误码 0E1A（Hex）。

如图 4-59 所示，当 X0＝Off→On 时，ENCO 指令将 2 3 位数据（M0～M7）编码存放于 D0 的下位 3 位（b2～b0）内，D0 中未被使用的位（b15～b3）全部变为 0。当 ENCO 指令执行过后，而 X0 变为 Off 后，内数据不变。

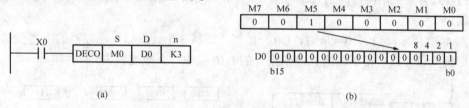

图 4-59　ENCO 指令应用

（a）ENCO 指令梯形图；（b）ENCO 指令执行过程与结果

ENCO 指令使用注意：当 S 操作数为位装置时，n 操作数范围 n=1～8，若 n＝0 或 n＞8 时，会发生错误；当 S 操作数为字符装置时，n 操作数范围 n=1～4。

4. ON 位总数 SUM

SUM 指令是将装置 S16 位中内容为 "1" 的位总数存于 D 中，如果来源装置的 16 个位全部为 "0" 时，零标志信号 M1020=On。使用 32 位指令时，仍会占用 2 个寄存器。

如图 4-60 所示，当 X20 为 On 时，D0 的 16 个位中，内容为 "1" 的位总数 3 被存于 D10 当中，即 K3。

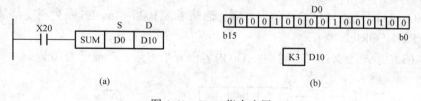

图 4-60　SUM 指令应用

（a）SUM 指令梯形图；（b）SUM 指令执行过程与结果

SUM 指令使用注意：S、D 操作数若使用 F 装置，则仅可使用 16 位指令。

5. ON 位判定 BON

BON 指令是判断来源装置 S 第 n 位内容，并将结果存于目标装置 D 中。

如图 4-61 所示，当 X2=On 时，若是 D0 的第 15 个位为 "1" 时，M0=On，为 "0" 时，

M0=Off。当 X0 变成 Off 时，M0 仍保持之前的状态。

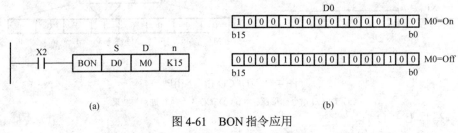

图 4-61　BON 指令应用

（a）BON 指令梯形图；（b）BON 指令执行过程与结果

BON 指令使用注意：S 操作数若使用 F 装置仅可使用 16 位指令 n=0～15（16 位指令），n=0～31（32 位指令）。

6. 平均值 MEAN

MEAN 指令是计算从来源装置 S 开始的 n 个装置内容的平均值，并将结果存于目标装置 D 中，如果计算中出现余数时，余数会被舍去。如果指定的装置号码超过该装置可使用的正常范围时，只有正常范围内的装置编号被处理。n 如果是 1～64 以外的数值时，PLC 认为"指令运算错误"。

如图 4-62 所示，当 X10=On 时，D0 开始算，即将 3 个（n＝3）寄存器的内容全部相加，相加之后再除以 3 以求得平均值并存于指定的 D10 当中，余数被舍去。

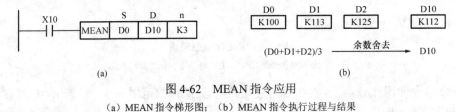

图 4-62　MEAN 指令应用

（a）MEAN 指令梯形图；（b）MEAN 指令执行过程与结果

MEAN 指令使用注意：D 操作数若使用 F 装置仅可使用 16 位指令 n=1～64。

7. 2 进浮点数开平方根 SQR

SQR 指令是将来源装置 S 开平方，将结果存于目标装置 D 中，其中，S 只可以指定正数，若指定负数时，PLC 视为"指令运算错误"，指令不执行，M1067、M1068=On，D1067 记录错误代码 0E1B（Hex）。运算结果 D 只为整数，小数点被舍弃，有小数点被舍弃时，借位标志信号 M1021=On。运算结果 D 为 0 时，零标志信号 M1020=On。ES 系列不支持脉冲执行型指令（SQRP、DSQRP）。

如图 4-63 所示，当 X10=On 时，将 D0 内容值开平方后，存放于 D10 内。

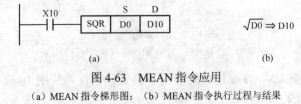

图 4-63　MEAN 指令应用

（a）MEAN 指令梯形图；（b）MEAN 指令执行过程与结果

8. BIN 整数转换二进制浮点数指令 FLT

FLT 指令有两个操作数，即变换来源装置 S 和存放变换结果装置 D。

当 FLT 指令转换方向标志 M1081=Off 时，将 BIN 整数变换成二进制浮点数值。此时 16位指令 FLT 中变换来源装置 S 占用 1 个寄存器，存放变换结果装置 D 占用 2 个寄存器。若转换结果的绝对值大于可表示的最大浮点值，则进位标志 M1022=On。若转换结果的绝对值小于可表示的最小浮点值，则借位标志 M1021=On。若转换结果为 0，则零标志 M1020=On。

当 M1081=On 时，将二进制浮点数值变换成 BIN 整数（小数点以下被舍弃）。此时 16 位指令 FLT 中变换来源装置占用 2 个寄存器，存放变换结果装置 D 占用 1 个寄存器。动作同 INT指令。若转换结果超过存放变换结果装置 D 可表示的 BIN 整数范围（16bit 为 –32 768～32 767，32bit 为 –2 147 483 648～2 147 483 647）则存放变换结果装置 D 取最大数或最小数表示，且进位标志 M1022=On。若转换结果有位数被舍弃，则借位标志 M1021=On。 若变换来源装置 S 为 0，则零标志 M1020=On。转换后的存放变换结果装置 D 取 16 bit 储存。FLT 的指令用法如图 4-64 所示。

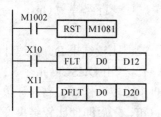

图 4-64 FLT 指令应用

当 M1081=Off 时，将 BIN 整数变换成二进制浮点数。

当 X10=On 时，将 D0（内为 BIN 整数）变换成 D13、D12（二进制浮点数值）。

当 X11=On 时，将 D1、D0（内为 BIN 整数）变换成 D21、D20（二进制浮点数值）。

若 D0=K10，则 X10=On，转换后浮点数的 32bit 数值为 H41 200 000，存于 32-bit 寄存器（D12-D13）内。

若 32bit 寄存器（D0-D1）=K100 000，则 X11=On，转换后浮点数的 32bit 数值为 H4 735 000，存于 32bit 寄存器（D20-D21）内。

4.3.6 高速处理指令

1. I/O 更新处理指令 REF

REF 指令有两个操作数，用 D 表示欲状态即时刷新的起始装置 I/O，用 n 表示：I/O 刷新处理的数目。

PLC 的 I/O 端子的状态全部被程序扫描至 END 后，才作状态的更新，其中输入点的状态是在程序开始扫描时，从外部输入点的状态读入存在输入点内存中，而输出端子在 END 指令后，才将输出点内存内容送至输出装置。因此，在演算过程中需要最新的输入/输出数据，则可利用本指令。

操作数 D 必须指定 X0、X10、Y0、Y10 等最右边为 0 的编号。n 操作数范围 n=8～256，且为 8 的倍数，除此之外的数字多被视为错误。在不同的机型有不同的使用范围，请参考相关手册。

如图 4-65 所示，当 X0=On 时，PLC 会立即读取 X0～X17 的输入点状态，输入信号更新，并没有输入延迟。

```
 X0
─┤├──  REF  X0  K16
```

图 4-65 REF 指令应用

2. 比较置位指令 DHSCS

DHSCS 指令有三个操作数，即比较值 S1，高速计数器编号 S2，比较结果 D。高速计数器是以中断插入方式由对应的外部输入端 X0～X17 输入计数脉冲。当由 DHSCS 指令 S2 所指的高速计数器产生加 1 或减 1 变化时，DHSCS 指令会立即作比较动作；当高速计数器现在值等于由 S1 所指定的比较值时，由 D 所指定之装置会变为 On，之后即使比较结果变成不相等，该装置仍然保持 On 状态。

若 D 所指定的装置为 Y0～Y17，当比较值与高速计数器现在值相等时，则会实时输出到外部 Y0～Y17 输出端，其余的 Y 装置会受扫描周期影响。而装置 M、S 均为立即动作，不受扫描周期的影响。

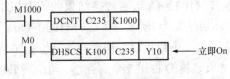

图 4-66　DHSCS 指令应用

如图 4-66 所示，当 PLC 执行 RUN 指令后，若 M0=On，DHSCS 指令执行，当 C235 的现在值由 99→100 或 101→100 变化时，Y10=On 实时输出到外部 Y10 输出端，且一直保持为 On。

3. 比较复位指令 DHSCR

DHSCR 指令有三个操作数，即比较值 S1，高速计数器编号 S2，比较结果 D。高速计数器是以中断插入方式由对应的外部输入端 X0～X17 输入计数脉冲。当由 DHSCR 指令 S2 所指定之高速计数器编号产生+1 或−1 变化时，DHSCR 指令会立即作比较动作；当高速计数器现在值等于由 D 所指定的比较值时，由 S1 所指定的装置会变为 Off，之后即使比较结果变成不相等，该装置仍然保持 Off 状态。

若 D 所指定的装置为 Y0～Y17，当比较值与高速计数器现在值相等时，则会实时输出到外部 Y0～Y17 输出端（将指定的 Y 输出清除），其余的 Y 装置会受扫描周期影响。而装置 M、S 均为立即动作，不受扫描周期的影响。

如图 4-67 所示，当 M0=On 且高速计数器 C251 的现在值从 99→100 或 101→100 变化时，Y10 会被清除 Off。当高速计数器 C251 的现在值从 199→200 时，C251 触点会 On，使 Y0=On，但会因程序扫描周期而延迟输出。Y10 为指定计数到达时，状态立即重置的组件，也可指定为同一编号的高速计数器。

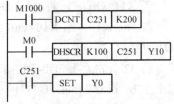

图 4-67　DHSCR 指令应用

4. 脉冲输出指令 PLSY

PLSY 指令用于把指定脉冲输出频率由脉冲输出装置输出脉冲输出数目。PLSY 指令有三个操作数，即脉冲输出频率 S1，脉冲输出数目 S2，脉冲输出装置 D。S1 指定脉冲输出频率，S2 指定脉冲输出数目，16 位指令可指定范围为 1～32 767 个，32 位指令可指定范围为 2 147 483 647 个。

当 PLSY 指令在程序中使用时，输出不能与 API 58 PWM 指令、API 59 PLSR 指令的输出重复。M1029、M1030 指令执行完毕标志，动作若处理完毕须由使用者将其清除。S1 可在 PLSY 指令执行时更改。更改发生作用的时间，是在程序执行到被执行的 PLSY 指令时更改。脉冲输出的 Off Time 跟 On Time 比例为 1:1。

如图 4-68 所示，当 X0=On 时，产生 1kHz 频率脉冲 200 次从 Y0 输出，脉冲产生完毕 M1029=On，触发 Y10=On。当 X0=Off 时，脉冲输出 Y0 立即停止，当 X0 再度 On 时，又从第一个脉冲开始输出。

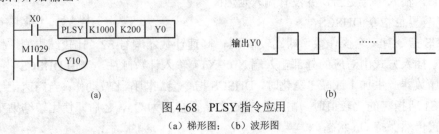

(a)　　　　　　　　　　　　　　　(b)

图 4-68　PLSY 指令应用

(a) 梯形图；(b) 波形图

5. 脉冲宽度调制指令 PWM

PWM 指令用于脉冲宽度调制。PWM 指令有三个操作数，即脉冲输出宽度 S1，脉冲输出周期 S2，脉冲输出装置 D。S1 为脉冲输出宽度指定，t 的取值范围为 0～32 767ms。S2 为脉冲输出周期，指定为 T 的取值范围为 1～32 767ms，但 S1≤S2。需要注意的是，PWM 指令在程序中使用时，输出不可与 PLSY 指令、59 PLSR 指令输出重复。当 PWM 指令执行时，指定 S1 脉冲输出宽度与由 S2 脉冲输出周期由脉冲输出装置输出。

如图 4-69 所示，当 X0=On 时，Y1 输出脉冲；当 X0=Off 时，Y1 输出也变成 Off。

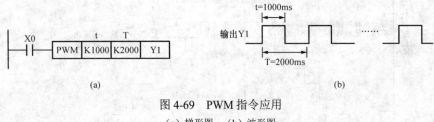

图 4-69　PWM 指令应用

（a）梯形图；（b）波形图

6. 可调速脉冲输出指令 PLSR

PLSR 指令为附加减速功能的脉冲输出指令。脉冲从静止状态到目标速度作加速动作。快到达目标距离时，作加速动作；当到达目标距离时，脉冲停止输出。PLSR 指令有四个操作数，即脉冲输出的最大频率值 S1，全部脉冲输出的总脉冲数 S2，加减速的时间（ms）S3，脉冲输出装置 D。S1 脉冲输出的最大频率值（Hz），设定范围 16 位指令为 10～32 767Hz；32 位指令为 10～200 000Hz；最高速度必须指定 10 的倍数，若非 10 的倍数时，个位数自动被舍弃。最高速度的 1/10 即为加减速一次变化量，请注意是否符合步进马达的加速要求而不会造成步进马达有停机情况发生。S2 全部脉冲输出的总脉冲数（PLS），设定范围为 16 位指令 110～32 767（PLS），32 位指令为 110～2 147 483 647（PLS）。当设定值低于 110 以下时，脉冲无法正常输出。S3 为加减速时间（ms），设定范围在 5000ms 以下，加速时间与减速时间相同，不可单独设定。

当 PLSR 指令执行时，在设定 S1 脉冲输出的最大频率值、S2 全部脉冲输出的总脉冲数（PLS）及 S3 加减速时间后，由 D 脉冲输出装置输出。开始以每次增加 S1/10 的频率开始输出脉冲。每个频率输出脉冲的时间都是固定 S3/9。另外，当 PLSR 指令执行时，使用者改变 S1、S2 或 S3 并不影响输出。

当 S2 所设定的第一组输出 Y0、Y1 脉冲数发送完毕时，M1029=On；当第二组输出 Y2、Y3 脉冲数发送完毕时，M1030=On。当下一次再启动 PLSR 指令时，M1029 或 M1030 又变成 0，完毕后又变为 1。

第一组输出 Y0 及 Y1 的脉冲输出与第二组输出 Y2、Y3 现在值被存放在下列的特殊数据寄存器 D1336～D1339 当中。

在每段加速时，因为每个频率乘以时间之后的脉冲数目不一定为整数，PLC 会取整数输出，因此，每一个区段的时间并无法刚好都相等，会有些误差，误差值大小决定于频率的大小及相乘后舍去的小数点值大小。PLC 会将脉冲输出不足的部分都补到最后一个区段，以确保输出脉冲的个数正确。

如图 4-70 所示，当 X0=On 时，在 PLSR 指令执行以脉冲输出的最大频率值 1000Hz、全部脉冲输出的总脉冲数 D10 及加减速时间 3000ms 后，由 Y0 输出脉冲。开始以每次增加 1000/10 Hz 的频率开始输出脉冲。每个频率输出脉冲的时间都是固定 3000/9。X0 变成 Off 时，输出被中断，再 On 时，脉冲计数从 0 算起。

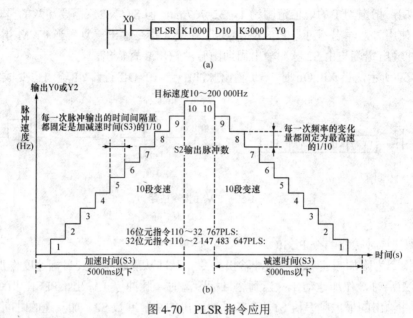

图 4-70　PLSR 指令应用

（a）梯形图；（b）说明

4.3.7　便利指令

1. 手动或自动控制指令 IST

IST 指令为一特定的步进梯形控制流程初始状态的便利指令，配合特殊辅助继电器形成便利的自动控制命令。

IST 指令有三个操作数，即指定运行模式的起始装置 S，自动运行模式下指定使用状态步进点的最小编号 D1，自动运行模式下指定使用状态步进点的最大编号 D2。

如图 4-71 所示，若 X10 则表示手动操作，同理，X11 表示原点回归，X12 表示步进，X13 表示一次循环，X14 表示连续运行，X15 表示原点回归启动，X16 表示连续运行启动，X17 表示连续运行停止。

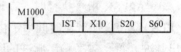

图 4-71　IST 指令应用

当 IST 指令执行时，以下的特殊辅助继电器会自动的切换。

M1040：移行禁止。

M1041：移行开始。

M1042：状态脉冲。

M1047：STL 可监视。

S0：手动操作初始状态步进点。

S1：原点回归初始状态步进点。

S2：自动运行初始状态步进点。

当使用 IST 指令时，S10～S19 为原点回归使用，此状态步进点不能当成一般的步进点使用。而当使用 S0～S9 的步进点时，S0～S2 三个状态点的动作分别为手动操作使用、原点回归使用及自动运行用。因此，在程序中，必须先写该三个状态步进点的电路。

当切换到 S1（原点回归）的模式时，若 S10～S19 之间有任何一点 ON，则原点回归将不会有动作产生。

当切换到 S2（自动运行）的模式时，若 D1～D2 之间的 S 有任何一点 ON，或是 M1043 ON，则自动运行将不会有动作产生。

2．ON/OFF 交替输出指令 ALT

ALT 指令有一个操作数，目的地装置 D，可实现 ON/OFF 交替输出。若使用动合触点，当指令执行时，程序每次扫描周期被指定的装置就会 ON/OFF 变换一次，因此，应使用上升沿进行触发。

如图 4-72 所示，使用单一开关控制启动与停止。当 X0 作第一次 Off→On 时，Y0=On；第二次 Off→On 时，Y0= Off。

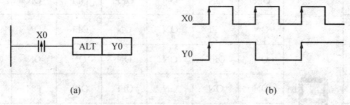

图 4-72　ALT 指令应用

(a) 梯形图；(b) 时序图

4.3.8 外部 I/O 设备

1．七段译码显示器译码指令 SEGD

SEGD 指令有两个操作数，即欲译码的来源装置 S 和译码后的输出装置 D。

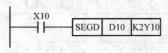

图 4-73　SEGD 指令应用

如图 4-73 所示，当 X10=On 时，D10 的下位 4 个位（b0～b3）的内容（0～F：十六进制）被译码成七段显示器输出，译码的结果暂存于 Y10～Y17 当中。若指定数据超出 4 个位，仍取下位 4 个位的内容译码。表 4-2 给出了七段显示器译码表。

2．七段显示器分时显示指令 SEGL

SEGL 指令有三个操作数，即欲显示于七段显示器的来源装置 S，七段显示器扫描输出起始装置 D，以及输出信号及扫描信号的正负逻辑设定 n。

SEGL 指令占用 D 开始的连续 8 个或 12 个外部输出点，作为 1 组或 2 组 4 位数七段显示器的显示数据及扫描信号输出。每个位数均带有 7-SEG 显示驱动器，可将输入的 BCD 码转换成 7-SEG 显示器的驱动信号，并带有锁存控制信号，可将 7-SEG 显示器显示保持。

由 n 决定扫描输出 4 位数七段显示器有 1 组或 2 组，且也用来指定 PLC 输出端的正负逻辑输出。当 4 位数 1 组时，占用输出点 8 个；当 4 位数 2 组时，占用输出点 12 个。当指令执行时，扫描输出端顺序循环动作，指令执行中条件触点变成 Off 再 On，则扫描输出端重新执行。

如图 4-74 所示，当 X10=On 时，指令开始执行，由 Y10～Y17 构成七段显示器扫描回路，D10 中数值被转换成 BCD 码后送到第一组七段显示器显示出来，D11 中数

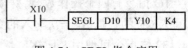

图 4-74　SEGL 指令应用

值被转换成 BCD 码后送到第二组七段显示器显示出来，若 D10 或 D11 中数值超过 9999 将发生运算错误。

表 4-2 七 段 显 示 器 译 码 表

十六进制	位元组合	七段显示器的构成	各节段状态							显示资料
			B0（a）	B1（b）	B2（c）	B3（d）	B4（e）	B5（f）	B6（g）	
0	0000		ON	ON	ON	ON	ON	ON	OFF	
1	0001		OFF	ON	ON	OFF	OFF	OFF	OFF	
2	0010		ON	ON	OFF	ON	ON	OFF	ON	
3	0011		ON	ON	ON	ON	OFF	OFF	ON	
4	0100		OFF	ON	ON	OFF	OFF	ON	ON	
5	0101		ON	OFF	ON	ON	OFF	ON	ON	
6	0110		ON	OFF	ON	ON	ON	ON	ON	
7	0111		ON	ON	ON	OFF	OFF	ON	OFF	
8	1000		ON	ON	ON	ON	ON	ON	ON	
9	1001		ON	ON	ON	ON	OFF	ON	ON	
A	1010		ON	ON	ON	OFF	ON	ON	ON	
B	1011		OFF	OFF	ON	ON	ON	ON	ON	
C	1100		ON	OFF	OFF	ON	ON	ON	OFF	
D	1101		OFF	ON	ON	ON	ON	OFF	ON	
E	1110		ON	OFF	OFF	ON	ON	ON	ON	
F	1111		ON	OFF	OFF	OFF	ON	ON	ON	

（七段显示器构成图：a 在上方，f 左上，b 右上，g 中间，e 左下，c 右下，d 下方）

3. 特殊模块 CR 数据读出指令 FROM

FROM 指令有四个操作数，即特殊模块所在的编号 m1，若读取特殊模块的 CR（Controlled Register）编号 m2，存放读取数据的位置 D 和一次读取的数据笔数 n。当 D 要指定位操作数时，16 位指令可使用 K1～K4，32 位指令可使用 K1～K8。

如图 4-75 所示，X10=On 的时候指令被执行；当 X0 变成 Off 时，指令不被执行，之前读出的数据其内容没有变化。

4. 特设数据模块 CR 数据写入指令 TO

TO 指令有四个操作数，特殊模块所在的编号为 m1。若要写入特殊模块的 CR 编号为 m2，则写入 CR 的数据 S，一次写入的数据笔数 n。当 S 要指定位操作数时，16 位指令可使用 K1～K4，32 位指令可使用 K1～K8。

如图 4-76 所示，X10=On 时，指令被执行，X0 变成 Off 时，指令不被执行，写入的数据没有变化。

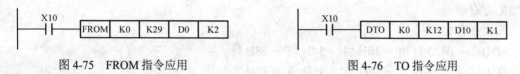

| 图 4-75 FROM 指令应用 | 图 4-76 TO 指令应用 |

4.3.9 外部 SER 设备命令

1. 串行数据传输指令 RS

RS 指令有四个操作数,即传送数据的起始装置 S,传送数据的组数 m,接收数据的起始装置 D,接收数据的组数 n。RS 指令专为主机使用 RS-485 串联通信接口时提供便利指令,前提是只要在 S 来源数据寄存器事先存入字数据及设定长度 m,并设定接收数据寄存器及长度 D。当 S 及 D 使用 E、F 修饰时,不能在指令执行期间变更 E 或 F 的设定值,否则容易造成数据读取或写入错误。若不需要传送数据时,可将 m 指定为 K0;若不需要接收数据时,可将 n 指定为 K0。

在程序中可无限次数使用 RS 指令,但不可同一时间执行两个(含)以上的 RS 指令。RS 指令于执行当中变更传送数据的内容无效。许多接口设备,如变频器等,若配备 RS-485 串行通信,且该设备的通信格式也有公开,便可以由 PLC 使用者以 RS 指令设计程序来传输 PLC 与接口设备的数据。

如图 4-77 所示,要先将发送数据内容预先写入 D100 开始寄存器内,再将 M1122(送信要求标志)设为 On。当 X10=On 时,RS 指令执行 PLC 即进入等待传送、接收数据的状态。开始执行 D100,即开始发送连续十笔数据并送出,则在发送结束时,M1122 会自动 RESET 成 Off(请勿利用程序执行 RST M1122),等待约 1 ms 后开始接收外部传入的十笔数据,将其存入由 D120 开始的连续寄存器内。当数据接收完毕时,标志(M1123)自动 On,程序中处理完接收数据后,须将 M1123 RESET 为 Off,再度进入等待传送接收的状态。但不能利用 PLC 程序连续执行 RST M1123。

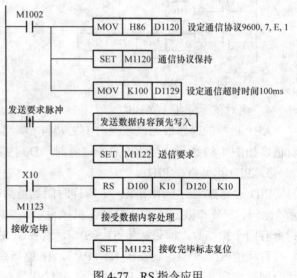

图 4-77 RS 指令应用

2. HEX 转为 ASCII 指令 ASCI

ASCI 指令有三个操作数,即数据来源起始装置 S,存放变换结果的起始装置 D,变换的位数 n。

16 位转换模式:当 M1161=Off 时,将 S 的 16 位数据中各个位数转换为 ASCII 码后,传送到 D 的上 8 位及下 8 位中,转换的位数以 n 来设定。

8 位转换模式:当 M1161=On 时,将 S 的 16 位数据中各个位数转换为 ASCII 码后,传送到 D 的下 8 位中,转换的位数以 n 来设定。D 的上 8 位全部为 0。

如图 4-78 所示，当 X0=On 时，将由 D10 内的 4 个 16 数值转换成 ASCII 码传送到由 D20 起始之寄存器。

假设条件如下：

（D10）= 0123 H　'0' = 30H　'4' = 34H　'8' = 38H

（D11）= 4567 H　'1' = 31H　'5' = 35H　'9' = 39H

（D12）= 89AB H　'2' = 32H　'6' = 36H　'A' = 41H

（D13）= CDEF H　'3' = 33H　'7' = 37H　'B' = 42H

3．ASCII 转为 HEX 指令 HEX

HEX 指令有三个操作数，即数据来源起始装置 S，存放变换结果之起始装置 D，变换的 ASCII 码位数 n。

16 位转换模式：当 M1161=Off 时，指定为 16 位转换模式。S 的 16 位数据上、下各 8 位的 ASCII 码转换为 16 位数值，每 4 位数传送到 D，转换的 ASCII 码位数以 n 来设定。

8 位转换模式：当 M1161=On 时，指定为 8 位转换模式。将 S 的 16 位数据，将各个位数转换为 ASCII 码后，传送到 D 的下 8 位中，转换的位数以 n 来设定。D 的上 8 位全部为 0。

如图 4-79 所示，当 X0=On 时，将 D20 起始的寄存器中之 ASCII 码转换为 16 位数值，每 4 位数传送到 D10 起始的寄存器中，转换的 ASCII 码位数 n=4。

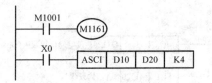
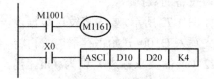

图 4-78　ASCI 指令应用　　　　　　　图 4-79　HEX 指令应用

4．绝对值运算指令 ABS

ABS 指令的操作数为欲取绝对值之装置 D。当 ABS 指令执行时，被指定的组件 D 取绝对值。如图 4-80 所示，当 X0=Off→On 时，D0 内容取绝对值。

5．PID 运算指令 PID

PID 运算控制的专用指令，于取样时间到达后的该次扫描才执行 PID 运算动作。PID 表示 "比例、积分和微分"。PID 控制在机械设备、气动设备和电子设备中具有广泛的应用。PID 指令有四个操作数，即目标值 S1（SV），现在值 S2（PV），参数 S3，输出值 D（MV）。

目标值 S1（SV），现在值 S2（PV），16 位指令 S3～S3 +19、32 位指令 S3～S3 +20；参数全部设定完成后开始执行 PID 指令，其结果暂存于 D 当中。D 的内容指定在无停电保持功能的数据寄存器区域内。如果要指定具停电保持的数据寄存器区域，则在程序开头加入将该停电保持区域的数据寄存器作初始化清除为 0。

如图 4-81 所示，执行 PID 指令前先将参数设定完成。X0=On 的时候指令被执行，结果暂存于 D150 中。当 X0 变成 Off 时，指令不被执行，之前的数据没有变化。

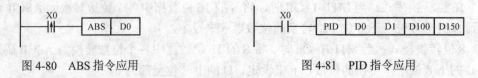

图 4-80　ABS 指令应用　　　　　　　图 4-81　PID 指令应用

4.3.10　变频器通信指令

1. MODBUS 数据读取指令 MODRD

MODRD 指令是针对 MODBUS ASCII 模式/RTU 模式的通信外围设备专用的驱动指令。台达 VFD 变频器内建的 RS-485 通信接口都符合 MODBUS 的通信格式，可利用 MODRD 指令对台达变频器进行通信控制（数据读取）。MODRD 指令有三个操作数，即联机装置地址 S1，欲读取数据的地址 S2，读取数据长度 n。

若读取数据的地址对于被指定的联机装置不合法，则联机装置会响应错误信息，PLC 将错误代码储存于 D1130，同时，M1141 会 On。

联机外围装置回传的数据储存于 D1070～D1085。接收完毕后，PLC 会自动检查所接收的数据是否有误，若发生错误则 M1140 会 On。

若使用 ASCII 模式，由于回传的数据均为 ASCII 字，PLC 会另外将回传主要的数据转为数值转存于 D1050～D1055 内。若使用 RTU 模式则 D1050～D1055 无效。

当 M1140=On 或 M1141=On 之后，再传送一笔正确数据给外围装置，若回传的数据正确则标志 M1140，M1141 会被清除。

如图 4-82 所示，PLC 与 VFD-S 系列变频器联机（ASCII Mode，M1143=Off）。PLC—> VFD-S，PLC 传送："01 03 2101 0006 D4"。VFD-S —> PLC，PLC 接收："01 03 0C 0100 1766 0000 0000 0136 0000 3B"。表 4-3 和表 4-4 分别给出了图 4-82 中的传送信息和响应信息。

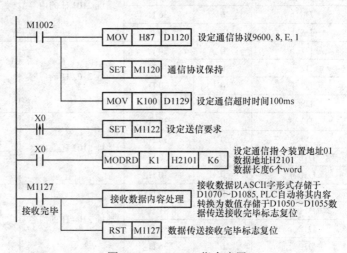

图 4-82　MODRD 指令应用

表 4-3　　　　　图 4-82 中的传送信息

寄存器	DATA		说　　明	
D1089 下	'0'	30 H	ADR 1	ADR（1,0）为变频器地址
D1089 上	'1'	31 H	ADR 0	
D1090 下	'0'	30 H	CMD 1	CMD（1,0）为命令码
D1090 上	'3'	33 H	CMD 0	
D1091 下	'2'	32 H	起始数据地址	
D1091 上	'1'	31 H		
D1092 下	'0'	30 H		
D1092 上	'1'	31 H		
D1093 下	'0'	30 H	数据（word）个数	
D1093 上	'0'	30 H		
D1094 下	'0'	30 H		
D1094 上	'6'	36 H		
D1095 下	'D'	44 H	LRC CHK 1	LRC CHK（0,1）为错误校验码
D1095 上	'4'	34 H	LRC CHK 0	

表 4-4　　　　　　　　　　　图 4-82 中的响应信息

寄存器	DATA		说　明
D0 下	'0'	30 H	ADR 1
D0 上	'1'	31 H	ADR 0
D1 下	'0'	30 H	CMD 1
D1 上	'3'	33 H	CMD 0
D2 下	'0'	30 H	数据（BYTE）个数
D2 上	'C'	43 H	
D3 下	'0'	30 H	地址 2100 H 的内容
D3 上	'1'	31 H	PLC 自动将 ASCI 字符转为数值，并储存于 D1296=H0100
D4 下	'0'	30 H	
D4 上	'0'	30 H	
D5 下	'1'	31 H	地址 2101 H 的内容
D5 上	'7'	37 H	PLC 自动将 ASCII 字符转换为数值，并储存于 D1297=H1766
D6 下	'6'	36 H	
D6 上	'6'	36 H	
D7 下	'0'	30 H	地址 2102 H 的内容
D7 上	'0'	30 H	PLC 自动将 ASCII 字符转换为数值，并储存于 D1298=H0000
D8 下	'0'	30 H	
D8 上	'0'	30 H	
D9 下	'0'	30 H	地址 2103 H 的内容
D9 上	'0'	30 H	PLC 自动将 ASCII 字符转换为数值，并储存于 D1299=H0000
D10 下	'0'	30 H	
D10 上	'0'	30 H	
D11 下	'0'	30 H	地址 2104 H 的内容
D11 上	'1'	31 H	PLC 自动将 ASCII 字符转换为数值，并储存于 D1300=H0136
D12 下	'3'	33 H	
D12 上	'6'	36 H	
D13 下	'0'	30 H	地址 2105 H 的内容
D13 上	'0'	30 H	PLC 自动将 ASCII 字符转换为数值，并储存于 D1301=H0000
D14 下	'0'	30 H	
D14 上	'0'	30 H	
D15 下	'3'	33 H	LRC CHK 1
D15 上	'B'	12 H	LRC CHK 0

2.　MODBUS 数据写入指令 MODWR

MODWR 指令是针对 MODBUS ASCII 模式 / RTU 模式的通信外围设备专用的驱动指令。台达 VFD 变频器内建 RS-485 通信接口都符合 MODBUS 的通信格式（除了 VFD-A 系列），因此，可利用 MODWR 指令对台达变频器进行通信控制（数据写入）。本指令有三个操作数，即联机装置地址 S1，欲写入数据的地址 S2，欲写入的数据 n。

若欲写入数据的地址对于被指定的装置不合法，则会响应错误信息，错误代码储存于 D1130，同时，M1141 会 On。

外围装置回传的数据储存于 D1070～1076。接收完毕后，PLC 会自动检查所接收的数据是否有误，若发生错误则 M1140 会 On。

当 M1140=On 或 M1141=On 之后，再传送一笔正确数据给外围装置，若回传的数据正确，则标志 M1140，M1141 会被清除。

如图 4-83 所示，PLC 与 VFD-S 系列变频器联机（ASCII Mode，M1143=Off）。PLC —> VFD-S，PLC 传送："01 06 0100 1770 71"。VFD-S —> PLC，PLC 接收："01 06 0100 1770 71"。表 4-5 和表 4-6 分别给出了图 4-83 中的传送信息和响应信息。

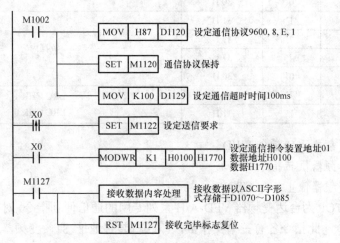

图 4-83　MODWR 指令应用

表 4-5　　　　　　　　　　　　图 4-83 中的传送信息

寄存器	DATA		说　明	
D1089 下	'0'	30 H	ADR 1	ADR（1,0）为变频器地址
D1089 上	'1'	31 H	ADR 0	
D1090 下	'0'	30 H	CMD 1	CMD（1,0）为命令码
D1090 上	'6'	36 H	CMD 0	
D1091 下	'0'	30 H		数据地址
D1091 上	'1'	31 H		
D1092 下	'0'	30 H		
D1092 上	'0'	30 H		
D1093 下	'1'	31 H		数据内容
D1093 上	'7'	37 H		
D1094 下	'7'	37 H		
D1094 上	'0'	30 H		
D1095 下	'7'	37 H	LRC CHK 1	LRC CHK（0,1）为错误校验码
D1095 上	'1'	31 H	LRC CHK 0	

表 4-6　　　　　　　　　　　　图 4-83 中的响应信息

寄存器	DATA		说　明
D1070 下	'0'	30 H	ADR 1
D1070 上	'1'	31 H	ADR 0
D1071 下	'0'	30 H	CMD 1
D1071 上	'6'	36 H	CMD 0

续表

寄存器	DATA		说　明
D1072 下	'0'	30 H	
D1072 上	'1'	31 H	数据地址
D1073 下	'0'	30 H	
D1073 上	'0'	30 H	
D1074 下	'1'	31 H	
D1074 上	'7'	37 H	数据内容
D1075 下	'7'	37 H	
D1075 上	'0'	30 H	
D1076 下	'7'	37 H	LRC CHK 1
D1076 上	'1'	31 H	LRC CHK 0

3. VFD-A 变频器正转指令 FWD

4. VFD-A 变频器反转指令 REV

5. VFD-A 变频器停止指令 STOP

FWD/REV/STOP 为台达变频器 VFD-A/H 系列专用的通信便利指令，对变频器下达正转、反转或停止的指令。此指令各有三个操作数，即联机装置地址 S1，变频器运行频率 S2，命令对象 n，当应用时，必须配合通信逾时设定（D1129）。

变频器运行频率 S2，对 A 系列变频器设定值为 K0～K4000 表示 0.0～400.0Hz，若为 H 系列设定值为 K0～K1500，表示 0～1500Hz。命令对象 n，n=1 为指定地址的变频器，n=2 为所有联机变频器。

如图 4-84 所示，外围装置回传的数据会被储存于 PLC 特殊寄存器 D1070～D1080，接收完毕后，PLC 会自动检查所接收的数据是否有误，若发生错误则 M1142 会 On。若 n=2，则 PLC 不接收数据。表 4-7 和表 4-8 分别给出了图 4-84 中的传送信息和响应信息。

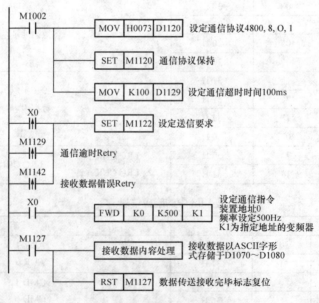

图 4-84　FWD/REV/STOP 指令应用

表 4-7　　　　　　　　图 4-84 中的传送信息

寄存器	DATA		说　明
D1089 下	'C'	43 H	命令起始字
D1090 下	'♥'	03 H	错误校验码
D1091 下	'☺'	01 H	命令对象
D1092 下	'0'	30 H	通信地址
D1093 下	'0'	30 H	
D1094 下	'0'	30 H	
D1095 下	'1'	31 H	
D1096 下	'0'	30 H	运行命令
D1097 下	'5'	35 H	
D1098 下	'0'	30 H	
D1099 下	'0'	30 H	

表 4-8　　　　　　　　图 4-84 中的响应信息

寄存器	DATA		说　明
D1070 下	'C'	43 H	命令起始字
D1071 下	'♥'	03 H	错误校验码
D1072 下	'♠'	06 H	回复认可（正确 06H，错误 07 H）
D1073 下	'0'	30 H	通信地址
D1074 下	'0'	30 H	
D1075 下	'0'	30 H	
D1076 下	'1'	31 H	
D1077 下	'0'	30 H	运行命令
D1078 下	'5'	35 H	
D1079 下	'0'	30 H	
D1080 下	'0'	30 H	

6. VFD-A 变频器状态读取指令 RDST

RDST 指令有两个操作数，即联机装置地址 S1 和命令状态对象 n。

RDST 为台达变频器 VFD-A 系列专用的通信便利指令，对变频器执行状态读取的指令。n=0 为频率指令，n=1 为输出频率，n=2 为输出电流，n=3 为运行命令。

变频器回传的数据共 11 个字，并储存于 D1070～D1080 的低字节："Q，S，B，Uu，Nn，ABCD"，说明见表 4-9。PLC 会自动将 "ABCD" 的 ASCII 字转为数值储存在 D1050 内。假如 "ABCD" = "0600"，则 PLC 会自动转为数值 K0600（0258 H）储存在 D1050 特殊寄存器内。

表 4-9　　　　　　　　变频器回传的数据说明

响　应	说　明	数据存储
Q	起始字：'Q'（51H）	D1070 下
S	错误校验（Checksum）码：03H	D1071 下
B	命令认可。正确：06H，错误：07H	D1072 下
Uu	通信地址（为 00～31）。"Uu"=（"00"～"31"）以 ASCII 表示	D1073 下
		D1074 下

续表

响 应	说 明	数据存储
Nn	状态对象（00～03）。"Nn"=（"00～03"）以 ASCII 表示	D1075 下
		D1076 下
A	状态数据。"ABCD" 的内容依状态对象（00～03）不同，分别表示频率、电流及运行模式。请参考说明	D1077 下
B		D1078 下
C		D1079 下
D		D1080 下

表 4-10 给出了 Nn 的取值与说明。

表 4-10   Nn 的取值与说明

Nn	说 明	Nn	说 明
00	频率指令=ABC.D（Hz）	02	输出电流=ABC.D（A）
01	输出指令=ABC.D（Hz）	03	运行命令

表 4-11 给出了 A 的取值与说明。PLC 会将 "A" 的 ASCII 字转为数值存储于 D1051 内。如果 "A" = "3"，则会转为数值 K3 储存于 D1051 特殊寄存器内。

表 4-11   A 的取值与说明

A	说 明	A	说 明
0	停止	5	正转寸动
1	正转运行	6	反转寸动
2	停止	7	反转寸动
3	反转运行	8	异常发生
4	正转寸动		

表 4-12 和表 4-13 给出了 b0～b3 和 b4～b7 的取值与说明。PLC 会将 "B" 的数值储存在特殊辅助继电器 M1168（b0）～M1175（b7）。

表 4-12   b0～b3 的取值与说明

b	取值	说 明
b0	0	停止
	1	运行
b1	0	正转
	1	反转
b2	0	无直流制动启动
	1	有直流制动启动
b3	0	无直流制动停止
	1	有直流制动停止

表 4-13   b4～b7 的取值与说明

b7	b6	b5	b4	运行指令来源
0	0	0	0	数字操作器
0	0	0	1	第一段速

b7	b6	b5	b4	运行指令来源
0	0	1	0	第二段速
0	0	1	1	第三段速
0	1	0	0	第四段速
0	1	0	1	第五段速
0	1	1	0	第六段速
0	1	1	1	第七段速
1	0	0	0	寸动频率
1	0	0	1	模拟信号频率指令
1	0	1	0	RS-485 通信接口
1	0	1	1	上/下控制

表 4-14 给出了 CD 的取值与说明。PLC 会将"CD"的 ASCII 字转为数值存储在 D1052 内。假如"CD"="16",则 PLC 会转为数值 K16 存储于 D1052 特殊寄存器内。

表 4-14　　　　　　　　　　　　CD 的取值与说明

CD	说　明	CD	说　明
"00"	无异常记录	"10"	ocA
"01"	oc	"11"	ocd
"02"	ov	"12"	ocn
"03"	oH	"13"	GFF
"04"	oL	"14"	Lv
"05"	oL1	"15"	Lv1
"06"	EF	"16"	cF2
"07"	cF1	"17"	bb
"08"	cF3	"18"	oL2
"09"	HPF		

7. VFD-A 变频器异常复位指令 RSTEF

RSTEF 指令有两个操作数,即联机装置地址 S1 和命令对象 n。RSTEF 为台达变频器 VFD-A 系列专用的通信便利指令,对变频器执行异常发生后的复位指令。n=1 为指定地址的变频器,n=2 为所有联机变频器。外围装置回传的数据储存于 D1070～1089。若 n=2,则无回传数据。API 100 MODRD、API 105 RDST、API 150 MODRW(Function Code 03)三个指令前面启动条件不可使用触点上升沿(LDP,ANDP,ORP)或触点下降沿(LDF,ANDF,ORF),否则存放在接收寄存器的数据会不正确。

8. LRC 校验码计算指令 LRC

LRC 指令有三个操作数,即 ASCII 模式校验码运算起始装置 S,运算组数 n,存放运算结果的起始装置 D。运算组数 n 必须为偶数,范围 K1～K256,不在此范围则视为运算错误,指令不执行,M1067、M1068=On,D1067 记录错误代码 H'0E1A。

16 位转换模式:当 M1161=Off 时,将起始装置 S 的 16 位数据区分为上 8 位、下 8 位,各个位数做 LRC 校验码运算,传送到 D 的上 8 位及下 8 位中,运算的位数以 n 来设定。

8 位转换模式:当 M1161=On 时,将 S 起始装置的 16 位数据区分为上 8 位(无效数据)、下 8 位,各个位数做 LRC 校验码运算,传送到 D 的下 8 位中占用 2 个寄存器,运算的位数以

n 来设定。D 的上 8 位全部为 0。

如图 4-85 所示，PLC 与 VFD-S 系列变频器联机，ASCII 模式，M1143=Off、8 位模式，M1161=On，发送数据预先写入读取 VFD-S 参数地址 H2101 开始的 6 笔数据。PLC -> VFD-S，PLC 传送："01 03 2101 0006 D4 CR LF"。表 4-15 给出了图 4-85 中的 PLC 传送信息。

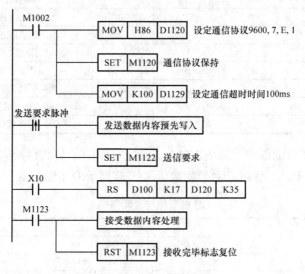

图 4-85   LRC 指令应用

表 4-15   图 4-85 中的 PLC 传送信息

寄存器	DATA		说　　明	
D100 下	' : '	3A H	STX	
D101 下	'0'	30 H	ADR 1	ADR（1,0）为变频器地址
D102 下	'1'	31 H	ADR 0	
D103 下	'0'	30 H	CMD 1	CMD（1,0）为命令码
D104 下	'3'	33 H	CMD 0	
D105 下	'2'	32 H	起始数据地址	
D106 下	'1'	31 H		
D107 下	'0'	30 H		
D108 下	'1'	31 H		
D109 下	'0'	30 H	数据（word）个数	
D110 下	'0'	30 H		
D111 下	'0'	30 H		
D112 下	'6'	36 H		
D113 下	'D'	44 H	LRC CHK 0	LRC CHK（0,1）为错误校验码
D114 下	'4'	34 H	LRC CHK 1	
D115 下	CR	D H	END	
D116 下	LF	A H		

上列 LRC CHK（0,1）为错误校验码可由指令 LRC 算出（8 位 Mode，M1161=On），如图 4-86 所示。LRC 校验码为 01 H＋03 H＋21 H＋01 H＋00 H＋06 H=2C H，然后

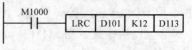

图 4-86　LRC 指令结构

取 2 的补码=D4H。此时，'D'（44 H）存于 D113 下 8 位内，'4'（34 H）存于 D114 下 8 位内。

9. CRC 校验码计算指令 CRC

CRC 指令有三个操作数，即 RTU 模式校验码运算起始装置 S，运算组数 n，存放运算结果的起始装置 D。n 的范围为 K1~K256 不在此范围则视为运算错误，指令不执行，M1067、M1068= On，D1067 记录错误代码 H'0E1A。

16 位转换模式：当 M1161=Off 时，将 S 起始装置其数据区分为上 8 位、下 8 位，将各个位数做 CRC 校验码运算，传送到 D 的上 8 位及下 8 位中，运算的位数以 n 来设定。

8 位转换模式：当 M1161=On 时，将 S 起始装置其数据区分为上 8 位（无效数据）、下 8 位，将各个位数做 CRC 校验码运算，传送到 D 的下 8 位中占用 2 个寄存器，运算的位数以 n 来设定。D 的上 8 位全部为 0。

如图 4-87 所示，PLC 与 VFD-S 系列变频器联机，RTU 模式，M1143=On、8 位模式，M1161=On，发送数据预先写入 VFD-S 参数地址 H2000 的写入内容为 H12。PLC→VFD-S，PLC 传送："01 06 2000 0012 02 07"。表 4-16 给出了图 4-87 中的 PLC 传送信息。

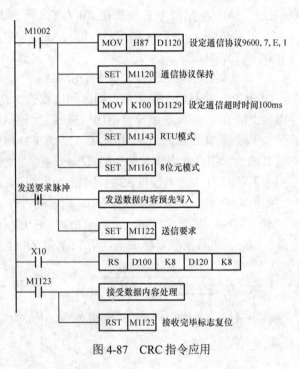

图 4-87 CRC 指令应用

表 4-16　　　　　　　图 4-87 中的 PLC 传送信息

寄存器	DATA	说　明
D100 下	01 H	地址
D101 下	06 H	功能
D102 下	20 H	数据地址
D103 下	00 H	
D104 下	00 H	数据内容
D105 下	12 H	
D106 下	02 H	CRC CHK 0
D107 下	07 H	CRC CHK 1

上列 CRC CHK（0,1）为错误校验码可由指令 CRC 算出（8 位 Mode，M1161=On），见图 4-88。CRC 检查码：此时，02H 存于 D106 下 8 位内，07H 存于 D107 下 8 位内。

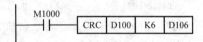

图 4-88 CRC 指令结构

4.3.11 浮点运算指令

1. 二进制浮点数比较指令 DECMP

DECMP 指令有三个操作数，即二进制浮点数比较值 S1、二进制浮点数比较值 S2 和比较结果 D，占用连续 3 点。二进制浮点数值 S1 与 S2 作比较，结果（＞、＝、＜）在 D 作表示。S1 或 S2 来源操作数若是指定常量 K 或 H 的话，指令会将该常量变换成二进制浮点数值来作比较。

如图 4-89 所示，指定装置为 M10，则自动占有 M10～M12。

当 X0=On 时，DECMP 指令执行，M10～M12 其中之一会 On，当 X0=Off 时，DECMP 指令不执行，M10～M12 状态保持在 X0=Off 之前的状态。

若需要得到≥、≤、≠结果时，可将 M10～M12 串并联即可取得。若要清除其结果请使用 RST 或 ZRST 指令。

2. 二进制浮点数区域比较指令 DEZCP

DEZCP 指令有四个操作数，即区间比较的二进制浮点数下限值 S1、区间比较的二进制浮点数上限值 S2 和二进制浮点数比较值 S，比较结果 D，占用连续 3 点。二进制浮点数比较值 S 与下限值 S1 及上限值 S2 作比较，结果在 D 作表示。S1 或 S2 来源操作数若是指定常量 K 或 H 的话，指令会将该常量变换成二进制浮点数值来做比较。

当下限值 S1 大于上限值 S2 时，则指令以二进制浮点数下限值 S1 作为上下限值进行比较。

如图 4-90 所示，指定装置为 M0，则自动占有 M0～M2。当 X0=On 时，DEZCP 指令执行，M0～M2 其中之一会 On，当 X0=Off 时，EZCP 指令不执行，M0～M2 状态保持在 X0=Off 之前的状态。若要清除其结果请使用 RST 或 ZRST 指令。

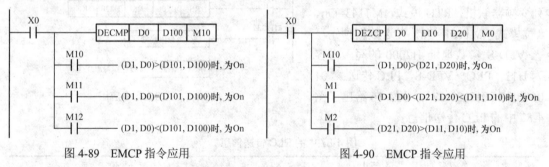

图 4-89　EMCP 指令应用　　　　　　　　图 4-90　EMCP 指令应用

3. 二进制浮点数至十进制浮点数指令 DEBCD

DEBCD 指令有两个操作数，数据来源 S，变换结果 D。本指令将 S 所指定的寄存器以二进制浮点数变换成十进制浮点数暂存于 D 所指定的寄存器当中。

PLC 是以二进制浮点数型态作浮点数运算的依据，DEBCD 指令就是用来将二进制浮点数变换成十进制浮点数型态的专用指令。

若转换结果的绝对值大于可表示的最大浮点值，则进位标志 M1022=On。

若转换结果的绝对值小于可表示的最小浮点值，则借位标志 M1021=On。

若转换结果为 0，则零标志 M1020=On。

如图 4-91 所示，当 X0=On 时，（D1-D0）内的二进制浮点数被变换成十进制浮点数暂存于（D3-D2）当中。二进制浮点数（D1-D0）中实数 23 位，指数 8 位，符号位 1 位；十进制浮点数（D3-D2）的数学表达式[D2]×10^[D3]。

4. 十进制浮点数至二进制浮点数指令 DEBIN

DEBIN 指令有两个操作数，数据来源 S，变换的结果 D。本指令将 S 所指定的寄存器以十进制浮点数变换成二进制浮点数暂存于 D 所指定的寄存器当中。

DEBIN 指令就是用来将十进制浮点数变换成二进制浮点数型态的专用指令。

十进制浮点数实数范围为 $-9999 \sim +9999$，指数范围为 $-41 \sim +35$，实际 PLC 十进制浮点数的范围为 $\pm 1175 \times 10^{-41}$ 到 $\pm 3402 \times 10^{+35}$。若运算结果为 0，则零标志 M1020=On。

如图 4-92 所示，当 X1=On 时，（D1-D0）内十进制浮点数被变换成二进制浮点数暂存于（D3-D2）当中。十进制浮点数（D1-D0）数学表达式 $[D2] \times 10^{[D1]}$；二进制浮点数（D3-D2）中实数 23 位，指数 8 位，符号位 1 位。

图 4-91　EBCD 指令应用　　　　　　　　图 4-92　EBIN 指令应用

5. 二进制浮点数加算指令 DEADD

DEADD 指令有三个操作数，即被加数 S1，加数 S2 和相加的结果 D。本指令将 S1 所指定的寄存器内容加上 S2 所指定的寄存器内容，和被存放至 D 所指定的寄存器当中，加算的动作全部以二进制浮点数型态进行。

S1 或 S2 来源操作数若是指定常量 K 或 H 的话，指令会将该常量变换成二进制浮点数值来作加算。

S1 及 S2 可指定相同的寄存器编号，此种情况下若是使用"连续执行"型态的指令时，在条件触点 On 的期间，该寄存器于每一次扫描时，均会被加算一次。

若运算结果的绝对值大于可表示的最大浮点值，则进位标志 M1022=On。

若运算结果的绝对值小于可表示的最小浮点值，则借位标志 M1021=On。

若运算结果为 0，则零标志 M1020=On。

如图 4-93 所示，当 X0=On 时，将二进制浮点数（D1-D0）+ 二进制浮点数（D3-D2），结果存放在（D11-D10）中。

6. 二进制浮点数减算指令 DESUB

DESUB 指令有三个操作数，即被减数 S1，减数 S2 及差 D。本指令将 S1 所指定的寄存器内容减掉 S2 所指定的寄存器内容，差被存放至 D 所指定的寄存器当中，减算的动作全部以二进制浮点数型态进行。

S1 或 S2 来源操作数若是指定常量 K 或 H 的话，指令会将该常量变换成二进制浮点数值来作减算。

S1 及 S2 可指定相同的寄存器编号，此种情况下若是使用"连续执行"型态的指令时，在条件触点 On 的期间，该寄存器于每一次扫描时，均会被减算一次。

若运算结果的绝对值大于可表示的最大浮点值，则进位标志 M1022=On。

若运算结果的绝对值小于可表示的最小浮点值，则借位标志 M1021=On。

若运算结果为 0，则零标志 M1020=On。

如图 4-94 所示，当 X0=On 时，将二进制浮点数（D1-D0）－二进制浮点数（D3-D2），结果存放在（D11-D10）中。

图 4-93　EADD 指令应用　　　　　　　　图 4-94　ESUB 指令应用

7. 二进制浮点数乘算指令 DEMUL

DEMUL 指令有三个操作数，即被乘数 S1，乘数 S2，积 D。本指令将 S1 所指定的寄存器内容乘上 S2 所指定的寄存器内容，积被存放至 D 所指定的寄存器当中，乘算的动作全部以二进制浮点数型态进行。

S1 或 S2 来源操作数若是指定常量 K 或 H 的话，指令会将该常量变换成二进制浮点数值来作乘算。

S1 及 S2 可指定相同的寄存器编号，此种情况下若是使用"连续执行"型态的指令时，在条件触点 On 的期间，该寄存器于每一次扫描时，均会被乘算一次。

若运算结果的绝对值大于可表示的最大浮点值，则进位标志 M1022=On。

若运算结果的绝对值小于可表示的最小浮点值，则借位标志 M1021=On。

若运算结果为 0，则零标志 M1020=On。

如图 4-95 所示当 X1=On 时，将二进制浮点数（D1-D0）乘上二进制浮点数（D11-D10）将积存放至（D21-D20）所指定的寄存器当中。

8. 二进制浮点数除法指令 DEDIV

DEDIV 指令有三个操作数，即被除数 S1，除数 S2，商及余数 D。S1 所指定的寄存器内容除以 S2 所指定的寄存器内容，商被存放至 D 所指定的寄存器当中，除算的动作全部以二进制浮点数型态进行。S1 或 S2 来源操作数若是指定常量 K 或 H 的话，指令会将该常量变换成二进制浮点数值来作除算。除数 S2 的内容若为 0 即被认定为"运算错误"，指令不执行，M1067、M1068=On，D1067 记录错误代码 H'0E19。

若运算结果的绝对值大于可表示的最大浮点值，则进位标志 M1022=On。

若运算结果的绝对值小于可表示的最小浮点值，则借位标志 M1021=On。

若运算结果为 0，则零标志 M1020=On。

如图 4-96 所示，当 X1=On 时，将二进制浮点数（D1-D0）除以二进制浮点数（D11-D10）将商存放至（D21-D20）所指定的寄存器当中。

图 4-95　EMUL 指令应用　　　　　　　　　　图 4-96　DEDIV 指令应用

9. 二进制浮点数取指数指令 DEXP

DEXP 指令有两个操作数，即运算来源装置 S，运算结果装置 D。以 e =2.718 28 为底数，S 为指数做 EXP 运算，EXP [S+1，S]=[D +1，D]。S 内容正负数都有效，指定 D 寄存器时必须使用 32 位数据格式，运算时均以浮点数方式执行，故 S 需转换为浮点数值。D 操作数内容值=e S。

若运算结果的绝对值大于可表示的最大浮点值，则进位标志 M1022=On。

若运算结果的绝对值小于可表示的最小浮点值，则借位标志 M1021=On。

若运算结果为 0，则零标志 M1020=On。

如图 4-97 所示，当 M0 为 On 时，将（D0-D1）值转成二进制浮点数存于（D10-D11）寄存器中。当 M1 为 On 时，（D10-D11）为指数作 EXP 运算，其值为二进制浮点数值并存放于（D20-D21）寄存器中。当 M2 为 On 时，将（D20-D21）二进制浮点数值转成十进制浮点数值并存于（D30-D31）寄存器中。此时 D31 为表示 D30 的 10 次幂方。

10. 二进制浮点数取自然对数指令 DLN

DLN 指令有两个操作数，即运算来源 S，运算结果 D。以 S 为操作数做自然对数 ln 运算:LN[S +1，S]=[D+1，D]。S 内容只有正数有效，指定 D 寄存器时必须使用 32 位数据格式，运算时均以浮点数方式执行，故 S 需转换为浮点数值。

若运算结果的绝对值大于可表示的最大浮点值，则进位标志 M1022=On。

若运算结果的绝对值小于可表示的最小浮点值，则借位标志 M1021=On。

若运算结果为 0，则零标志 M1020=On。

如图 4-98 所示，当 M0 为 On 时，将（D0-D1）值转成二进制浮点数存于（D10-D11）寄存器中。当 M1 为 On 时，将（D10-D11）寄存器为真数做 ln 运算，其值为二进制浮点数并存放于（D20-D21）寄存器中。当 M2 为 On 时，将二进制浮点数值转成十进制浮点数值并存于（D30-D31）寄存器中。此时 D31 为表示 D30 的 10 次幂方。

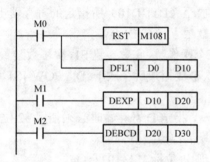

图 4-97　DEXP 指令应用

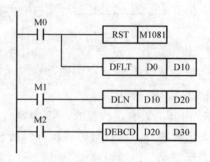

图 4-98　DLN 指令应用

11. 二进制浮点数取对数指令 DLOG

DLOG 指令有三个操作数，即运算底数装置 S1，运算来源装置 S2，运算结果装置 D。将 S1 内容及 S2 内容为操作数做 log 运算，结果存放于 D。S1、S2 内容值只有正数有效，指定 D 寄存器时必须使用 32 位数据格式，运算时均以浮点数方式执行，故 S1，S2 需转换为浮点数值。

$S1^D = S2$，求 D 值 → $Log_{S1}^{S2} = D$

若运算结果的绝对值大于可表示的最大浮点值，则进位标志 M1022=On。

若运算结果的绝对值小于可表示的最小浮点值，则借位标志 M1021=On。

若运算结果为 0，则零标志 M1020=On。

如图 4-99 所示，当 M0=On 时，将（D0-D1）内容及（D2-D3）内容转成二进制浮点数分别存于（D10-D11）及（D12-D13）32 位寄存器中。当 M1 为 On 时，将（D10-D11）及（D12-D13）32 位寄存器二进制浮点数值做 log 运算并将结果存于（D20-D21）32 位寄存器中。当 M2 为 On 时，将（D20-D21）32 位寄存器二进制浮点数值转成

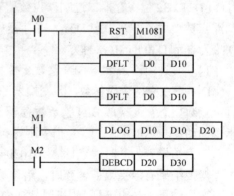

图 4-99　DLOG 指令应用

十进制浮点数值并存于（D30-D31）中。此时 D31 为表示 D30 的 10 次幂方。

12. 二进制浮点数开平方根指令 DESQR

DESQR 指令有两个操作数，即欲开平方来源 S，开平方的结果 D。S 所指定的寄存器内容被开平方，所得的结果暂存于 D 所指定的寄存器内容，开平方的动作全部以二进制浮点数型态进行。S1 或 S2 来源操作数若是指定常量 K 或 H 的话，指令会将该常量变换成二进制浮点数值来作运算。

若开平方的结果为 0 时，标志 M1020=On。

来源运算只有正数有效，负数时，视为"运算错误"，指令不执行，M1067、M1068=On，D1067 记录错误代码 H'0E1B。

$$\sqrt{(D1,D0)} \rightarrow (D11,D10)$$

图 4-100　ESQR 指令应用

如图 4-100 所示，当 X0=On 时，将二进制浮点数（D1-D0）取开平方，将结果存放至（D11-D10）所指定的寄存器当中。

13. 二进制浮点数乘方指令 DPOW

DPOW 指令有三个操作数，底数装置 S1，次幂数装置 S2，运算结果装置 D。将二进制浮点数据 S1 及 S2 以次幂数相乘后存放于 D。POW [S1 +1，S1]^[S2+1，S2]=D。

S1 内容值只有正数有效，S2 内容值正负值都有效。指定 D 寄存器时必须使用 32 位数据格式，运算时均以浮点数方式执行，故 S1，S2 需转换为浮点数值。

若运算结果的绝对值大于可表示的最大浮点值，则进位标志 M1022=On。

若运算结果的绝对值小于可表示的最小浮点值，则借位标志 M1021=On。若运算结果为 0，则零标志 M1020=On。

如图 4-101 所示，当 M0 为 On 时，将（D0-D1）内容及（D2-D3）内容转成二进制浮点数分别存于（D10-D11）及（D12-D13）32 位寄存器中。当 M1 为 On 时，将（D10-D11）及（D12-D13）32 位寄存器二进制浮点数作 power 运算并将结果存于（D20-D21）32 位寄存器中。当 M2 为 On 时，将（D20-D21）32 位寄存器二进制浮点数值转成十进制浮点数值并存于（D30-D31）寄存器中。此时 D31 为表示 D30 的 10 次幂方。

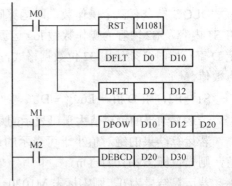

图 4-101　DPOW 指令应用

14. 二进制浮点数至 BIN 整数变换指令 INT

INT 指令有两个操作数，欲变换来源装置 S，变换结果 D。S 所指定的寄存器内容以二进制浮点数型态被变换成 BIN 整数暂存于 D 所指定的寄存器当中，BIN 整数浮点数被舍弃。本指令的动作与 API 49（FLT）指令刚好相反。

变换结果若为 0 时，零标志 M1020=On。

变换结果有浮点数被舍弃时，借位标志 M1021=On。

变换结果若超出下列范围时（溢位），进位标志 M1022=On。

16 位指令：−32 768～32 767。

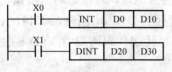

图 4-102　INT 指令应用

32 位指令：–2 147 483 648～2 147 483 647。

如图 4-102 所示，当 X0=ON 时，将二进制浮点数 D0 变换成 BIN 整数将结果存放至 D10 当中，BIN 整数浮点数被舍弃。当 X1=On 时，将二进制浮点数（D21-D20）变换成 BIN 整数将结果存放至（D31-D30）当中，BIN 整数浮点数被舍弃。

15. 二进制浮点数 sin/cos/tan 运算指令 DSIN/DCOS/DTAN

DSIN/DCOS/DTAN 指令有两个，指定的来源值 S，取 sin/cos/tan 的结果 D。本指令将 S 所指定的来源值，求取 sin/cos/tan 值后储存在 D 所指定的寄存器当中。所指定的来源可指定为弧度或角度，由标志 M1018 决定。

当 M1018=Off 时，指定为弧度模式，弧度（RAD）值等于（角度×π/180）。

当 M1018=On 时，指定为角度模式，角度范围：0°≤角度值<360°。

当计算结果若为 0 时，M1020=ON。

如图 4-103 所示，当 X0=On 时，（D1-D0）中的数据会做 sin 运算，结果存在（D11-D10）中。

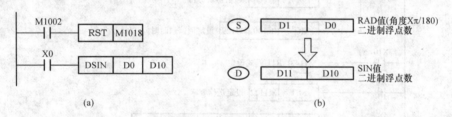

图 4-103　SIN 指令应用
（a）梯形图；（b）执行示意

DCOS 指令和 DTAN 指令的应用情况与 DSIN 相似。

4.3.12　数据处理 II 指令

1. 上下字节交换指令 SWAP

SWAP 指令有一个操作数，欲执行上下字节互相交换的装置 S。16 位指令时，上位 8 位与下位 8 位的内容互相交换。32 位指令时，两个寄存器的上位 8 位与下位 8 位的内容各别互相交换。

如图 4-104 所示，当 X0=On 时，将 D0 的上位 8 位与下位 8 位的内容互相交换。

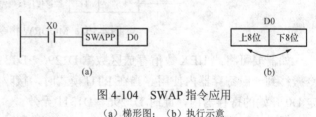

图 4-104　SWAP 指令应用
（a）梯形图；（b）执行示意

2. MODSUB 数据读写指令 MODRW

MODRW 指令有五个操作数，联机装置地址 S1，功能码 S2，欲读写数据的地址 S3，欲读写的数据存放寄存器 S，读写数据长度 n。

联机装置地址（Unit Address）S1 指定范围为 K0～K254。

功能码（Function Code）S2。例如，变频器或 DVP-PLC 的读取多笔命令为 H03，变频器或 DVP-PLC 的单笔数据写入命令为 H06，变频器或 DVP-PLC 的多笔数据写入命令为 H10。目前仅支持上述功能码，其余功能码将无法执行。

欲读写数据的地址（Device Address）S3。联机装置的内部装置地址，若地址对于被指定的装置不合法，则联机装置会响应错误信息，PLC 将错误代码储存于 D1130，同时，M1141 会On。例如，8000H 对 VFD-S 不合法，则 M1141=On，D1130=2，错误代码请参考 VFD-S 使用手册。

欲读写的数据（Source or Destination）S。由使用者设定寄存器，将欲写入数据长度的数据事先存入寄存器内，或数据读取后存放的寄存器。

读写数据长度（Data Length）n，在 ES/EX/SS 系列 PLC 中，当 M1143=Off（ASCII Mode）时，指定范围 K1，K8（Word），当 M1143=On（RTU Mode）时，指定范围 K1，K16（Word）。

如图 4-105 所示，当在 ASCII 模式时，接收数据（包含）以 ASCII 字形式储存于使用者指定 D0 开始的寄存器内，PLC 自动将其内容转换为 HEX 数值存放在 D1296～D1311 等特殊寄存器内。在开始转换为 HEX 数值时，标志 M1131=On，转换完毕自动 Off。

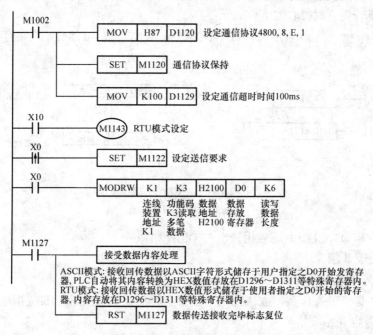

图 4-105　MODRW 指令应用

如需要可将此 HEX 数值存放区数据 D1296～D1311 以 MOV、DMOV 或 BMOV 三个指令搬移到一般寄存器内使用。当在 RTU 模式时，接收数据以 HEX 数值形式储存于使用者指定 D0 开始的寄存器内，此时 D1296～D1311 无效。

在 ASCII 模式或 RTU 模式，PLC 都会将要传送出的数据存放在传送数据缓存区 D1256～D1295 内，使用者若有需要可将此缓存区数据以 MOV、DMOV 或 BMOV 三个指令搬移到一般寄存器内使用。

变频器回传的数据储存于使用者指定的寄存器内。接收完毕后，PLC 会自动检查所接收的数据是否有误，若发生错误，则 M1140=On。

若联机装置指定的装置地址不合法，则会响应错误信息，错误代码储存于 D1130，同时 M1141 会 On。例如，8000H 对 VFD-S 不合法，则 M1141=On，D1130=2，错误代码请参考 VFD-S 使用手册。

当 M1140=On 或 M1141=On 之后，再传送一笔正确数据给变频器，若回传的数据正确则 M1140，M1141 会被清除。

M1143=Off 时，ASCII Mode：PLC 与 VFD-S 系列变频器联机。

PLC →VFD-S，PLC 传送："01 03 2100 0006 D5"。

VFD →PLC，PLC 接收："01 03 0C 0100 1766 0000 0000 0136 0000 3B"。

表 4-17 和表 4-18 分别给出了 M1143=Off 时的 PLC 传送信息和响应信息。

表 4-17 　　　　　　　　　　M1143=Off 时的 PLC 传送信息

寄存器	DATA		说　　明	
D1256 下	'0'	30 H	ADR 1	ADR（1,0）为变频器地址
D1256 上	'1'	31 H	ADR 0	
D1257 下	'0'	30 H	CMD 1	CMD（1,0）为命令码
D1257 上	'3'	33 H	CMD 0	
D1258 下	'2'	32 H	起始数据地址	
D1258 上	'1'	31 H		
D1259 下	'0'	30 H		
D1259 上	'0'	30 H		
D1260 下	'0'	30 H	数据（word）个数	
D1260 上	'0'	30 H		
D1261 下	'0'	30 H		
D1261 上	'6'	36 H		
D1262 下	'D'	44 H	LRC CHK 1	LRC CHK（0,1）
D1262 上	'5'	35 H	LRC CHK 0	为错误校验码

表 4-18 　　　　　　　　　　M1143=Off 时的 PLC 响应信息

寄存器	DATA		说　　明	
D0 下	'0'	30 H	ADR 1	
D0 上	'1'	31 H	ADR 0	
D1 下	'0'	30 H	CMD 1	
D1 上	'3'	33 H	CMD 0	
D2 下	'0'	30 H	数据（BYTE）个数	
D2 上	'C'	43 H		
D3 下	'0'	30 H	地址 2100 H 的内容	PLC 自动将 ASCI 字符转为数值，并储存于 D1296=H0100
D3 上	'1'	31 H		
D4 下	'0'	30 H		
D4 上	'0'	30 H		
D5 下	'1'	31 H	地址 2101 H 的内容	PLC 自动将 ASCII 字符转换为数值，并储存于 D1297=H1766
D5 上	'7'	37 H		
D6 下	'6'	36 H		
D6 上	'6'	36 H		

寄存器	DATA		说　明	
D7 下	'0'	30 H	地址 2102 H 的内容	PLC 自动将 ASCII 字符转换为数值，并储存于 D1298=H0000
D7 上	'0'	30 H		
D8 下	'0'	30 H		
D8 上	'0'	30 H		
D9 下	'0'	30 H	地址 2103 H 的内容	PLC 自动将 ASCII 字符转换为数值，并储存于 D1299=H0000
D9 上	'0'	30 H		
D10 下	'0'	30 H		
D10 上	'0'	30 H		
D11 下	'0'	30 H	地址 2104 H 的内容	PLC 自动将 ASCII 字符转换为数值，并储存于 D1300=H0136
D11 上	'1'	31 H		
D12 下	'3'	33 H		
D12 上	'6'	36 H		
D13 下	'0'	30 H	地址 2105 H 的内容	PLC 自动将 ASCII 字符转换为数值，并储存于 D1301=H0000
D13 上	'0'	30 H		
D14 下	'0'	30 H		
D14 上	'0'	30 H		
D15 下	'3'	33 H	LRC CHK 1	
D15 上	'B'	42 H	LRC CHK 0	

M1143=On 时，RTU Mode：PLC 与 VFD-S 系列变频器联机。

PLC -> VFD-S，PLC 传送：01 03 2100 0006 CF F4。

VFD-S -> PLC，PLC 接收：01 03 0C 0000 0503 0BB8 0BB8 0000 012D 8E C5。

表 4-19 和表 4-20 分别给出了 M1143=On 时的 PLC 传送信息和响应信息。

表 4-19　　　　　　　　　　　M1143=On 时 PLC 传送信息

寄存器	DATA	说　明
D1256 下	01 H	地址
D1257 下	03 H	功能
D1258 下	21 H	起始数据地址
D1259 下	00 H	
D1260 下	00 H	数据（word）个数
D1261 下	06 H	
D1262 下	CF H	CRC CHK Low
D1263 下	F4 H	CRC CHK High

表 4-20　　　　　　　　　　　M1143=On 时的 PLC 响应信息

寄存器	DATA	说　明
D0 下	01 H	地址
D1 下	03 H	功能

寄存器	DATA	说　明	
D2 下	0C H	数据（Byte）个数	
D3 下	00 H	地址 2100 H 的内容	PLC 自动将数值储存于 D1296=H000
D4 下	00 H		
D5 下	05 H	地址 2101 H 的内容	PLC 自动将数值储存于 D1297=H0503
D6 下	03 H		
D7 下	0B H	地址 2102 H 的内容	PLC 自动将数值储存于 D1298=H0BB8
D8 下	B8 H		
D9 下	0B H	地址 2103 H 的内容	PLC 自动将数值储存于 D1299=H0BB8
D10 下	B8 H		
D11 下	00 H	地址 2104 H 的内容	PLC 自动将数值储存于 D1300=H0000
D12 下	00 H		
D13 下	01 H	地址 2105 H 的内容	PLC 自动将数值储存于 D1301=H012D
D14 下	2D H		
D15 下	8E H	CRC CHK Low	
D16 下	C5 H	CRC CHK High	

4.3.13　触点形态比较指令 LD※

LD※指令有两个操作数，数据来源装置 S1 和 S2，※指=、>、<、<>、≤、≥。LD※指令是将 S1 与 S2 的内容作比较，以 API 224（LD=）为例，比较结果为"等于"时，该指令导通，"不等于"时，该指令不导通。LD※的指令可直接与母线连接使用。表 4-21 给出了 LD※指令表。

表 4-21　　　　　　　　　　　　LD ※指 令 表

API No.	16-bit 指令	32-bit 指令	导通条件	非导通条件
224	LD=	DLD=	S1=S2	S1≠S2
225	LD>	DLD>	S1>S2	S1≤S2
226	LD<	DLD<	S1<S2	S1≥S2
228	LD<>	DLD<>	S1≠S2	S1=S2
229	LD<=	DLD<=	S1≤S2	S1>S2
230	LD>=	DLD>=	S1≥S2	S1<S2

32 位计数器（C200～C254）代入本指令作比较时，一定要使用 32 位指令（DLD※），若是使用 16 位指令（LD※）时，PLC 判定为"程序错误"，主机面板上 ERROR 指示灯闪烁。

如图 4-106 所示，若 C10 的内容等于 K200 时，Y10=On。当 D200 的内容大于 K-30，而且 X1=On 的时候，Y11=On 并保持。C200 的内容

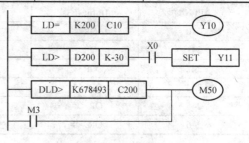

图 4-106　LD※指令应用

小于 K678,493 或者是 M3=On 的时候，M50=On。

4.3.14 触点形态比较指令 AND※

AND※指令有两个操作数，数据来源装置 S1 和 S2，※指=、>、<、<>、≤、≥。AND ※指令将 S1 与 S2 的内容作比较，以 API232（AND=）为例，比较结果为"等于"时，该指令导通，"不等于"时，该指令不导通。与 LD※指令不同的是，AND※的指令要与触点串联使用。表 4-22 给出了 AND※指令表。

表 4-22　　　　　　　　　　LD AND ※ 指 令 表

API No.	16-bit 指令	32-bit 指令	导通条件	非导通条件
232	AND=	DAND=	S1=S2	S1≠S2
233	AND>	DAND>	S1>S2	S1≤S2
234	AND<	DAND<	S1<S2	S1≥S2
236	AND<>	DAND<>	S1≠S2	S1=S2
237	AND<=	DAND<=	S1≤S2	S1>S2
238	AND>=	DAND>=	S1≥S2	S1<S2

32 位计数器（C200～C254）代入本指令作比较时，一定要使用 32 位指令（DAND※），若是使用 16 位指令（AND※）时，PLC 判定为"程序错误"，主机面板上 ERROR 指示灯闪烁。

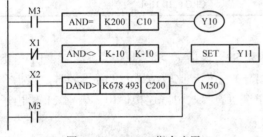

图 4-107　AND※指令应用

如图 4-107 所示，当 X0=On 时且 C10 的现在值又等于 K200 时，Y10=On。

当 X1=Off 而寄存器 D0 的内容又不等于 K-10 的时候，Y11=On 并保持住。

当 X2=On 而且 32 位寄存器 D0（D11）的内容又小于 678 493 的时候或 M3=On 时，M50=On。

4.3.15 触点形态比较指令 OR※

OR※指令有两个操作数，即数据来源装置 S1 和 S2，※指=、>、<、<>、≤、≥。OR※指令将 S1 与 S2 的内容作比较，以 API240（OR=）为例，比较结果为"等于"时，该指令导通，"不等于"时，该指令不导通。OR※的指令要与触点并联使用。表 4-23 给出了 OR※指令表。

表 4-23　　　　　　　　　　OR ※ 指 令 表

API No.	16-bit 指令	32-bit 指令	导通条件	非导通条件
240	OR=	DOR=	S1=S2	S1≠S2
241	OR>	DOR>	S1>S2	S1≤S2
242	OR<	DOR<	S1<S2	S1≥S2
244	OR<>	DOR<>	S1≠S2	S1=S2
245	OR<=	DOR<=	S1≤S2	S1>S2
246	OR>=	DOR>=	S1≥S2	S1<S2

32 位计数器（C200～C254）代入本指令作比较时，一定要使用 32 位指令（DOR※），

若是使用 16 位指令（OR※）时，PLC 判定为"程序错误"，主机面板上 ERROR 指示灯闪烁。

　　如图 4-108 所示，当 X1=On 时，或者是 C10 的现在值等于 K200 时，Y0=On。

　　当 X2 及 M30 都等于 On 的时候，或者是 32 位寄存器 D100（D101）的内容大于或等于 K100000 时，M60=On。

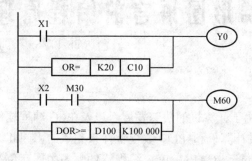

图 4-108　OR※指令应用

第5章 CHAPTER 5

梯形图语言的编程原理

台达 ES/EX/SS 系列 PLC 应用技术（第二版）

　　进入 21 世纪以来，由于计算机的快速发展，以及 PLC 编程软件的成熟，如今，在很多情况下，PLC 编程是通过计算机和 PLC 编程软件来完成的，因此，可称为计算机辅助编程（Computer Aided Programmer，CAP）。PLC 编程软件大多由厂商免费提供给用户，这样，可通过网络下载使用。采用软件编程要比使用程序书写器编程方便得多，因为使用程序书写器编程必须先画出梯形图，再人为地转换成程序代码并输入 PLC，而编程软件可直接将梯形图转换成程序代码，通过电缆传输给 PLC。梯形图要比程序代码更容易理解和掌握。本章重点介绍 PLC 的梯形图编程原理与应用。

5.1 梯形图语言基础

　　梯形图语言是二次世界大战期间出现的自动控制图形语言，是历史最久、使用最广泛的自动控制语言。梯形图语言最初只有动合触点、动断触点、输出线圈、定时器、计数器等基本机构装置，直到 PLC 出现后，梯形图中的装置，除了上述外，还增加了诸如上下沿微分触点、保持线圈等装置以及加、减、乘、除等数值运算功能。

　　无论传统梯形图或 PLC 梯形图其工作原理基本相同，只是在符号表示上传统梯形图也较接近实体符号，而 PLC 则采用较简明且易于计算机上表示的符号。

5.1.1 梯形图的组成元素

　　梯形图来源于电气系统的逻辑控制图，其中，采用继电器、触点、线圈和逻辑关系图等表示它们的逻辑关系。IEC 61131-3 标准规定梯形图可采用的图形元素有电源轨线、连接元素、触点、线圈、功能和功能块等。

　　1. 电源轨线（母线）

　　电源轨线（Power Rail）是梯形图左侧和右侧的 2 条垂直线，又称为母线。如图 5-1 所示，位于梯形图左侧的垂直线称为左电源轨线，或左母线，在梯形图中必须绘制左母线；位于右侧的垂直线称为右电源轨线，或右母线，有时可省略。

　　图 5-1 中虚线矩型是泛指图形元素。在梯形图中，电流从左母线向右流动，经连接元素和其他连接在该梯级的图形元素到达右母线。为了说明流动状态，采用图形元素的状态表示。

　　2. 连接元素

　　在梯形图中，连接元素（Link Element）包括水平连接线和垂直连接线，见图 5-1（b）。连接元素的状态只有 0 和 1 两种，0 表示断开，1 表示接通。连接元素是将最靠近该元素左侧图形符号的状态传递到该元素的右侧图形元素。

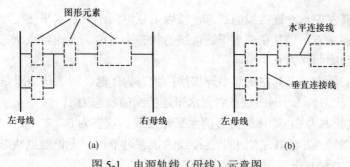

图 5-1　电源轨线（母线）示意图

(a) 左母线和右母线；(b) 右母线省略

连接元素的状态从左向右传递，实现能流的流动，状态的传递遵守下列规则。

（1）水平连接线从紧靠其左侧的图形元素开始将该图形元素的状态传递到紧靠它右侧的图形元素。

（2）垂直连接线总是与一个或多个水平连接线连接，即由一个或多个水平连接元素在每一侧与垂直线相交组成。垂直连接元素的状态根据与其连接的各左侧水平连接元素的状态或运算表示。因此，垂直连接线的状态根据下列规则确定。

1）如果左侧所有水平连接元素的状态为 0，则该垂直连接元素的状态为 0。

2）如果左侧的一个或多个水平连接线的状态为 1，则该垂直连接线的状态为 1。

3）垂直连接线的状态被传递到与其右侧连接的所有水平连接线，但不能传递到与其左侧连接的所有水平连接线。

（3）连接线的输入/输出数据类型必须相同。

连接线及状态分析范例如下：

分析图 5-2 中的连接线的状态。1、2、3、4 和 5 为水平连接线，6 为垂直连接线，A、B、C 和 D 为图形元素。在图 5-2 中，1、4 线与左母线相连，状态始终为 1；当元素 A 和 D 都断开时，2、5、6 线状态为 0；A 和 D 只要其中之一接通时，2、5、6 线状态变为 1；当元素 A 和 D 都断开，元素 B 无论通断，3 线状态都为 0；当元素 A 和 D 其中之一接通时，若元素 B 接通，3 线状态为 1；此时，若元素 B 断开，3 线状态为 0。

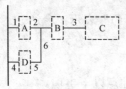

图 5-2　连接线及状态分析范例

在图 5-2 中，当连接线 3 状态为 1 时，表示电回路接通，电流会由左母线流向右母线。此时回路中必须有负载性元件，来消耗电能，否则就是短路。

3. 触点

触点（Contact）属于梯形图中的图形元素，沿用了电气逻辑图的触点术语，类似于实际中的开关、按钮等。触点要将自身状态及左侧水平连接线状态向右侧水平连接线传递。

按静态特性分类，触点分为动合触点（Normally Open Contact）和动断触点（Normally Close Contact）两类。动合触点指在正常工况下，触点断开，其状态为 0；动断触点指在正常工况下，触点闭合，其状态为 1。

按动态特性分类，触点分为上升沿触发触点，或正跳变触发触点（Positive Transition Contact）和下降沿触发触点，或负跳变触发触点（Negative Transition Contact）。表 5-1 为触点的图形符号。

根据触点及其左侧水平连接线的状态，按以下规则确定其右水平连接线的状态。

（1）单一静态触点，当其左侧水平连接线的状态为 0 时，无论触点状态为 0 或 1，其右侧水平连接线的状态始终为 0。

（2）单一静态触点，当其左侧水平连接线的状态为 1 时，状态传递原则如下所述。

1）如果触点状态为 1，则该触点右侧水平连接线的状态为 1。

2）如果触点状态为 0，则该触点右侧水平连接线的状态为 0。

（3）单一动态触点，当其左侧水平连接线的状态为 0 时，无论触点状态由 0 变为 1，还是由 1 变为 0，其右侧水平连接线的状态始终为 0。

（4）单一正跳变触发触点，当其左侧水平连接线的状态为 1 时，触点状态由 0 变为 1 时，其右侧水平连接线的状态为 1，且只保持 1 个运算周期，而后自动回 0。

（5）单一负跳变触发触点，当其左侧水平连接线的状态为 1 时，触点状态由 1 变为 0，其右侧水平连接线的状终为 0，且只保持 1 个运算周期，而后自动回 1。

表 5-1　　　　　　　　　　　　　触 点 的 图 形 符 号

类　型		图形结构	说　明
静态触点	动合触点	—┤ ├—	当动合触点闭合时，将其左侧水平线的状态传递给右侧水平线
	动断触点	—┤/├—	当动断触点断开时，其左侧水平线的状态停止向右侧水平线传递
动态触点	正跳变触发触点	—┤↑├—	当正跳变触发触点闭合时，在闭合瞬间将其左侧水平线的状态传递给右侧水平线
	负跳变触发触点	—┤↓├—	当负跳变触发触点断开时，在断开瞬间将其左侧水平线的状态传递给右侧水平线

注　触点图形符号与台达 PLC 符号相同，便于以后的理解。

4. 线圈

梯形图中的线圈（Coil）沿用电气逻辑图的线圈术语，会将其左侧水平连接线状态毫无改变地传递到其右侧水平连接线。在梯形图中，一般情况下，线圈总是在右侧与右母线相连，这也是右母线可以省略的原因。

在 PLC 程序梯形图中，线圈可以用"（ ）"、"[ ]"、"□"及"○"表示；台达 PLC 程序梯形图中，用椭圆表示。

5. 功能模块

梯形图编程语言支持功能模块的调用。在功能模块调用时应注意以下事项。

（1）功能模块的输入和输出参数，都可以是 1 个或多个。在多数情况下，功能模块用矩形表示。

（2）为了保证程序正常运行，每个被调用功能模块必须有相应的输入和输出参数。

5.1.2　梯形图的执行

梯形图是以从上到下、从左到右的顺序执行的。梯形图均采用网络结构，以左母线和右母线为界。梯级是梯形图网络结构的最小单位。一个梯级包含输入指令和输出指令。

输入指令在梯级中执行比较、测试的操作，并根据结果设置梯级的状态。例如，当梯级内连接的图形元素状态的测试结果为 1 时，输入状态就被设置为 1。输入指令通常执行一些逻辑运算、数据比较等操作。

输出指令检测输入指令结果，并执行有关操作和功能。例如，使线圈激励等。

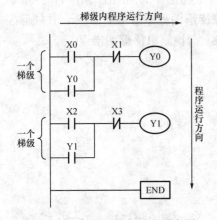

图 5-3 梯形图的执行过程示意图

通常情况下，输入指令与左母线连接，输出指令与右母线连接。在梯形图执行时，会从最上层梯级开始，从左到右确定各图形元素的状态，并确定其右侧连接线的状态，逐个向右执行，结果由执行控制元素输出，直到右母线。然后，进行下一个梯级的执行过程。图 5-3 给出了梯形图的执行过程示意图。

当梯级中有分支出现时，仍然以从上到下、从左到右的顺序分析各图形元素的状态。对于垂直连接线，则根据上述有关规则确定其右侧连接线的状态，从而逐个从左向右、从上向下执行操作过程。

5.1.3 梯形图的执行控制

对梯形图执行的控制是采用跳转、返回及中断等图形元素使梯形图按照非常规顺序执行。

1. 跳转和返回

在梯形图网络结构中，用跳转和返回等图形元素表示跳转的目标、跳转的返回及跳转的条件等。当跳转条件满足时，程序跳转到目标区并执行该区程序时，目标区程序执行完毕后，程序返回到原断点后的一个梯级开始执行。

2. 中断

中断是指当程序接到外界硬件（如 I/O 设备）发来的信号时，马上停止原来的工作，转去处理这一事件，在处理完了以后，主机又回到原来的工作继续工作。

此处更多内容请参见相关使用手册。

5.2 PLC的梯形图原理

5.2.1 PLC 梯形图与传统梯形图的区别

1. 执行方式

PLC 梯形图和传统梯形图在工作原理上是完全一致的，而实际上 PLC 仅是利用微计算机来仿真传统梯形图的动作，即利用扫描的方式逐一地查看所有输入装置和输出线圈的状态，再将这些状态根据梯形图的逻辑作演算，得到传统梯形图一样的输出结果。但因为微计算机只有一个，所以 PLC 只能逐一地查看梯形图程序，并依该程序及输入/输出状态演算输出结果，再将结果送到输出界面，然后又重新读取输入状态→演算→输出，如此周而复始地循环运行上述动作。PLC 完成一次循环动作所用的时间称为扫描时间，其时间会随着程序的增大而加长，此扫描时间将造成 PLC 从输入采样到输出刷新的延迟，延迟时间越长对控制所造成的误差越大，甚至无法满足控制要求，此时就必须选用扫描速度更快的 PLC。因此，扫描速度是 PLC 的重要规格，随着微计算机及 ASIC（特定用途 IC）技术的快速发展，现今 PLC 的扫描速度有了极大提高。图 5-4 为 PLC 梯形图程序扫描示意图。

2. 逆向回流

除扫描时间的差异外，PLC 梯形图和传统梯形图还有如下"逆向回流"的差异。如图 5-5

所示，若 X0，X1，X4，X6 为导通，其他为不导通，在传统梯形图的回路上输出 Y0 会如虚线所示形成回路而为 On。但是，在 PLC 梯形图中，演算梯形图程序是由上而下，由左而右地扫描。在同样输入条件下，梯形图编辑软件（WPLSoft）会检测出梯形图错误。

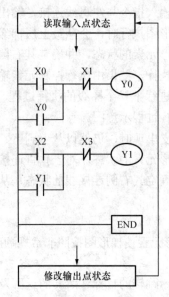

图 5-4　PLC 梯形图程序扫描示意图

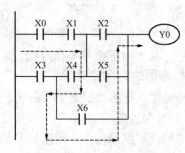

图 5-5　逆向回流示意图

3. 结束符号

由前所述，PLC 梯形图程序循环扫描的方式执行，微计算机必须知道程序的开头和结尾。程序的开头都是梯形图的第一行，而结尾必须用"结束符号（END）"明确表示，如图 5-6 所示，否则梯形图编辑软件（WPLSoft）也会检测出梯形图错误。

5.2.2　梯形图的分类

在逻辑方面梯形图可分为组合逻辑和顺序逻辑两种，如下所述。

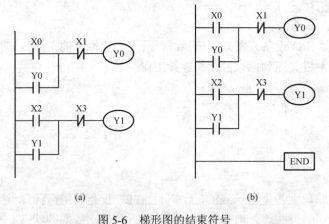

(a)　　　　　　　　　　(b)

图 5-6　梯形图的结束符号

（a）传统梯形图无结束符号；（b）PLC 梯形图必须有结束符号

1. 组合逻辑

图 5-7 为 PLC 梯形图中的组合逻辑示意图。梯级 1：使用动合触点 X0，具体元器件可以是开关或按钮，其特性是在平常（未按下）时，为开路（Off）状态，故 Y0 不导通；而在动作（按下）时，其状态变为导通（On），故 Y0 导通。

梯级 2：使用动断触点 X1，具体元器件也可以是开关或按钮，其特性是在平常时，为导通，故 Y1 导通；而在开关动作时，其触点反而变成开路，故 Y1 不导通。

梯级 3：为一个以上输入装置的组合逻辑输出的应用，其输出 Y2 只有在 X2 不动作或 X3 动作且 X4 为动作时才会导通。

2. 顺序逻辑

顺序逻辑是指将回路的输出结果拉回当输入条件，也就是将回路的输出结果拉回当输入条件，这样在相同输入条件下，会因前次状态或动作顺序的不同，而得到不同的输出结果。图 5-8 为 PLC 梯形图中的顺序逻辑示意图。在此回路刚接上电源时，虽 X6 开关为 On，但 X5 开关为 Off，故 Y3 不动作。在启动开关 X5 按下后，Y3 动作，一旦 Y3 动作后，即使放开启动开关（X5 变成 Off），Y3 因为自身的触点回授而仍可继续保持动作（此为自锁回路），其状态如表 5-2 所示。

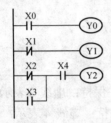

图 5-7　PLC 梯形图中的组合逻辑示意图

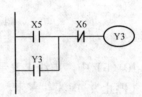

图 5-8　PLC 梯形图中的顺序逻辑示意图

表 5-2　　　　　　　　　　　　　Y3 的 状 态

状态动作顺序	装　置		
	X5 开关	X6 开关	Y3 状态
1	不动作	不动作	Off
2	动作	不动作	On
3	不动作	不动作	On
4	不动作	动作	Off
5	不动作	不动作	Off

由表 5-2 可知，在不同顺序下，虽然输入状态完全一致，但输出结果可能不一样，如表 5-2 所示中的动作顺序 1 和 3，其 X5 和 X6 开关均为不动作，但在动作顺序 1 的条件下 Y3 为 Off，动作顺序 3 时 Y3 为 On。这种 Y3 输出状态拉回当输入（所谓回授）而使回路具有顺序控制效果是梯形图回路的主要特性。

5.2.3　与梯形图对应的时序图

为了形象地表示梯形图中各元素的动作顺序关系，采用时序图表示，如图 5-9 所示。绘制时序图，可以清晰地表达在梯形图程序中，各开关、按钮、线圈及其他装置动作的先后顺序及对应关系。

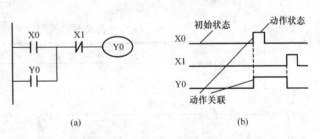

图 5-9　梯形图对应的时序图 1
(a) 梯形图；(b) 时序图

如图 5-9（b）所示，绘制时序图应注意的是：装置动作关联的地方，上下要对齐；时序图中要包括所有正常动作的情况。为了说明时序图的绘制方法，这里再给出 1 个较复杂的例子，如图 5-10 所示。

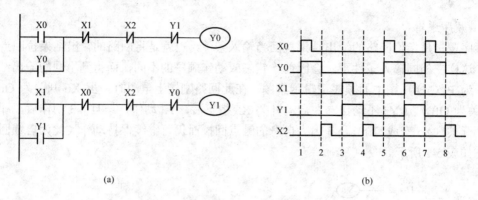

图 5-10　梯形图对应的时序图 2
（a）梯形图；（b）时序图

在图 5-10（b）中，虚线 1 表示：X0 动作，使 Y0 动作并保持；虚线 2 表示：X2 动作，使 Y0 复位（停止）；虚线 3 表示：X1 动作，使 Y1 动作并保持；虚线 4 表示：X2 动作，使 Y1 复位（停止）；虚线 5 表示：X0 动作，使 Y0 动作并保持；虚线 6 表示：X1 动作，使 Y0 复位（停止），并使 Y1 动作并保持；虚线 7 表示：X0 动作，使 Y1 复位（停止），并使 Y0 动作并保持；虚线 8 表示：X2 动作，使 Y0 复位（停止），也表示若要 Y0 和 Y1 都复位（停止），必须由 X2 完成。在时序图中，为了说明各处动作的同时发生，需要画出虚线。

5.3　PLC梯形图的基本结构

当今，梯形图是沿用电气控制电路的符号所组合而成，并广泛应用于自动控制领域的一种图形语言。通过梯形图编辑软件写好梯形图形后，PLC 的控制程序设计也就完成了。梯形图以图形表示控制流程较为直观，易于技术人员理解和掌握。在梯形图里很多基本符号及动作都是根据在传统自动控制电路中常见的机电装置如按钮、开关、继电器、定时器、计数器及线圈等确定的。

PLC 内部装置的图形结构与连接方法如下所述。

1. PLC 内部装置的图形结构

前面介绍了 PLC 梯形图中的装置，在梯形图中这些装置都有对应的图形结构，表 5-3 为PLC 内部装置的图形结构及说明。

表 5-3　　　　　　　　　　　PLC 内部装置的图形结构及说明

图形结构	指令解说	指令	使用装置
─┤├─	动合触点	LD	X、Y、M、S、T、C
─┤／├─	动断触点	LDI	X、Y、M、S、T、C
─┤├─┤├─	串联动合	AND	X、Y、M、S、T、C

续表

图形结构	指令解说	指令	使用装置
	并联动合	OR	X、Y、M、S、T、C
	并联动断	ORI	X、Y、M、S、T、C
	正缘触发开关	LDP	X、Y、M、S、T、C
	负缘触发开关	LDF	X、Y、M、S、T、C
	正缘触发串联	ANDP	X、Y、M、S、T、C
	负缘触发串联	ANDF	X、Y、M、S、T、C
	正缘触发并联	ORP	X、Y、M、S、T、C
	负缘触发并联	ORF	X、Y、M、S、T、C
	区块串联	ANB	无
	区块并联	ORB	无
	多重输出	MPS MRD MPP	无

续表

图形结构	指令解说	指令	使用装置
 ○	线圈驱动输出指令	OUT	Y、M、S
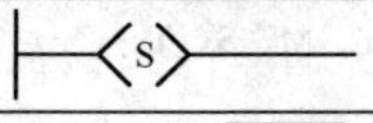 ⟨S⟩	步进梯形	STL	S
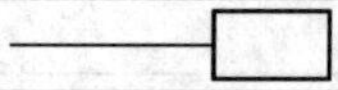 ▭	应用指令	应用指令	请参考基本指令系统
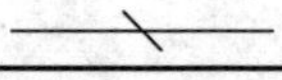 /	反向逻辑	INV	无

2. 区块连接方法

区块是指两个以上的装置作串联或并联的运算组合而成的梯形图形，依其运算性质可产生并联区块及串联区块。表 5-4 为区块的连接方法。

表 5-4　　　　　　　　区 块 的 连 接 方 法

区　　块	两个装置	多个装置
串联区块	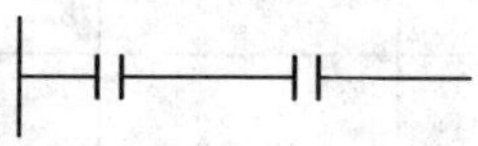 ⊢⊣⊢⊣	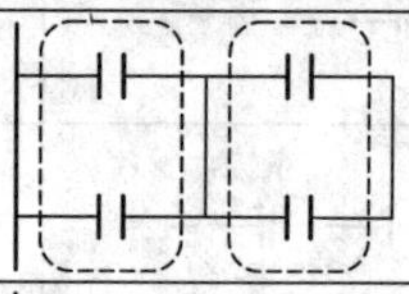 （图示）
并联区块	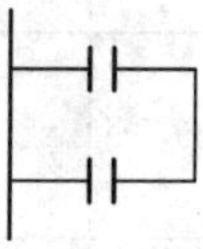 （图示）	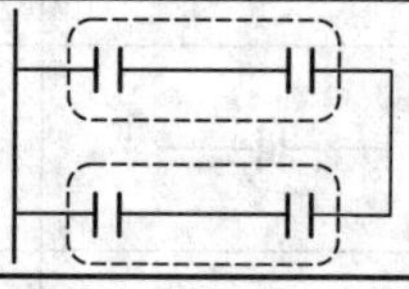 （图示）

3. 分支线与合并线

如图 5-11 所示，分支线是向下的垂直线，一般用来区分装置。而对于左边的装置来说，合并线是左边至少有两列以上的回路在此垂直线相连接，对于右边的装置及区块来说是分支线，表示此垂直线的右边至少有两列以上的回路相连接。

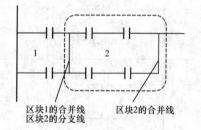

区块1的合并线
区块2的分支线　　区块2的合并线

图 5-11　分支线与合并线

5.4　PLC梯形图的编辑要点

5.4.1　连续编号

程序编辑方式是由左母线开始至右母线结束，WPLSoft 软件编辑中省略右母线的绘制，一行编完再换下一行，一行的触点个数最多能有 11 个，若是还不够，会产生连续线继续连接，进而续接更多的装置，连续编号会自动产生，相同的输入点可重复使用，如图 5-12 所示。

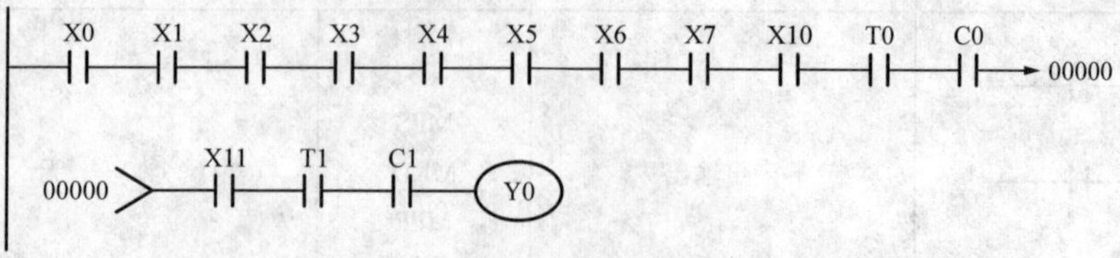

```
      X0   X1   X2   X3   X4   X5   X6   X7   X10   T0   C0
     ┤├──┤├──┤├──┤├──┤├──┤├──┤├──┤├──┤├──┤├──┤├──→ 00000

              X11   T1   C1
  00000 >──┤├──┤├──┤├────────( Y0 )
```

图 5-12　连续编号

5.4.2　程序的指令符解析

梯形图程序的运作方式是由左上到右下的扫描。线圈及应用指令运算框等属于输出处理，在梯形图图形中置于最右边。以图 5-13 为例，来逐步分析梯形图的流程顺序，右上角的编号为其顺序。

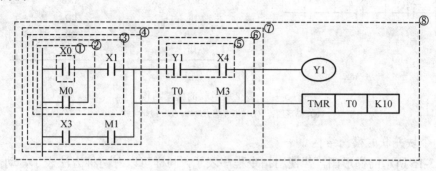

图 5-13　梯形图程序示例

表 5-5 为图 5-13 梯形图的程序指令表。虚线框①为从左母线开始的动合触点 X0；虚线框②为并联动合触点 M0；虚线框③为串联动合触点 X1；虚线框④为并联由动合触点 X3 与 M1 组成的串联块；虚线框⑤为动合触点 Y1 与 X4 组成串联块；虚线框⑥为动合触点 T0 与 M3 组成串联块并与虚线框⑤并联；虚线框⑦为虚线框④与虚线框⑥并联；虚线框⑧为输出线圈 Y1 与定时器 T0。

表 5-5　　　　　　　　　　**图 5-13 梯形图的程序指令表**

序　号	指　　令		序　号	指　　令	
1	LD	X0		AND	X4
2	OR	M0	6	LD	T0
3	AND	X1		AND	M3
4	LD	X3		ORB	
	AND	M1	7	ANB	
	ORB		8	OUT	Y1
5	LD	Y1		TMR	T0 K10

5.4.3　梯形图中的模糊结构

正确的梯形图解析过程应该是由左至右、由上而下解析合并，然而有些指令不按照此原则一样可以达到相同的梯形图。

1. 多个块串联的模糊结构

如图 5-14 所示的梯形图形，若使用指令程序表示，有两种方法表示，其动作结果相同。但两种指令程序转换成梯形图其图形都一样，为什么会一个较另一个好呢？问题就在主机的运算动作，图 5-14（c）是一个区块一个区块合并，而图 5-14（b）则是最后才合并。虽然程序码的最后长度都相同，但是后者由于在最后才合并（ANB），一方面 ANB 指令不能连续使用超过 8 次；另一方面必须要把先前所计算出的结果储存起来。现在只有两个区块，主机可以允许执行，但是要是区块超过主机的限制，就会出现问题，所以最好的方式就是一区块一建立完就进行区块合并的指令，而且这样做对于程序规则者的逻辑顺序也不会乱。

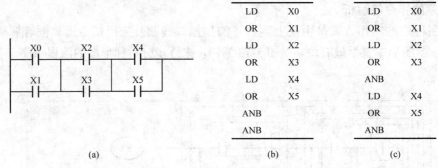

图 5-14　多个块串联的模糊结构

（a）梯形图；（b）不理想方法；（c）理想方法

2. 多个块并联的模糊结构

如图 5-15 所示的梯形图，若使用指令程序表示，同样可以有两种方法表示，动作结果也相同。但这两个程序解析就有明显的差距，不但指令程序码增加，而且主机的运算记忆也要增加，所以最好是能够按照所定义的顺序来撰写程序。

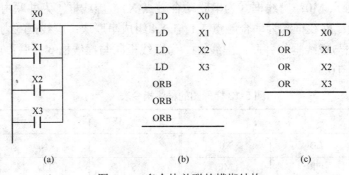

图 5-15　多个块并联的模糊结构

（a）梯形图；（b）不理想方法；（c）理想方法

5.5　PLC梯形图常见的错误图形

在编辑梯形图形时，可以利用各种梯形符号组合成各种图形。但是，由于 PLC 处理图形程序的原则是由上而下，由左至右，因此在绘制时，要以左母线为起点，右母线为终点，从左向右逐个横向写入。一列写完，自上而下依次再写下一列。初学者经常会出现一些错误。表 5-6 为常见的错误图形。

表 5-6	为 常 见 的 错 误 图 形
错误图形	原　因
✕ ⊣⊢ ⊣⊢	不可往上做 OR 运算
⊣⊢ ⊣⊢ ✕	应该先由右上角输出

续表

错误图形	原　因
	不可与空装置做并联运算
	空装置也不可与别的装置做运算
	存在"讯号回流"
	要做合并或编辑应由左上往右下，虚线框处的区块应往上移
	中间区块没有装置
	串联装置及要所串联的区块水平方向对齐
	Label P0 的位置要在完整梯级的第一列
	区块串联要在串并左边区块的最上段水平线对齐

5.6　PLC梯形图的化简及修正

5.6.1　PLC 梯形图的化简

1. "左沉右轻"

当串联区块和并联区块串联时，将并联区块放在左面可以节省 ANB 指令。如图 5-16 所示，图 5-16（a）修改为图 5-16（c）后，节省了 1 个 ANB 指令。

2. 左母线 "上沉下轻"

单一装置与区块并联，该区块放上面可以省 ORB 指令。如图 5-17 所示，图 5-17（a）修改为图 5-17（c）后，节省了 1 个 ORB 指令。

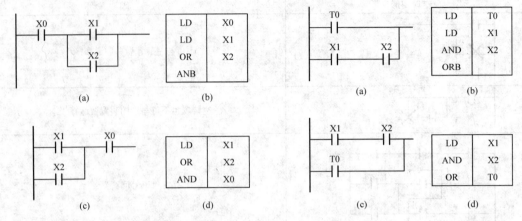

图 5-16　"左沉右轻"的修正
(a) 梯形图；(b) 指令表；(c) 修改后的梯形图；
(d) 修改后的指令表

图 5-17　左母线"上沉下轻"的修正
(a) 梯形图；(b) 指令表；(c) 修改后的梯形图；
(d) 修改后的指令表

3. 右母线"上轻下沉"

在同一垂直线的多重条件输出，将没有输入装置与之运算的输出放在上面可以省略 MPS、MPP 指令。如图 5-18 所示，图 5-18（a）修改为图 5-18（c）后，省略了 MPS、MPP 指令。

4. 避免"讯号回流"

如图 5-19（a）中的梯形图是不合法的，因为有"讯号回流"回路。如图 5-19（a）中上面的区块比下面的区块短，可以把上下的区块调换，见图 5-19（c），这样可以达到相同的逻辑结果。

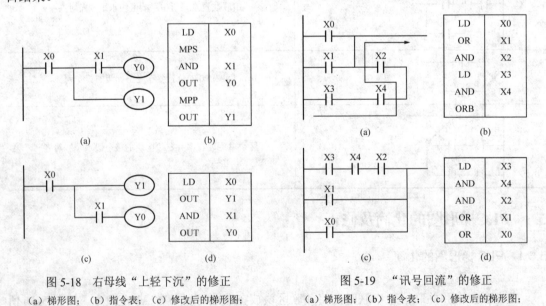

图 5-18　右母线"上轻下沉"的修正
(a) 梯形图；(b) 指令表；(c) 修改后的梯形图；
(d) 修改后的指令表

图 5-19　"讯号回流"的修正
(a) 梯形图；(b) 指令表；(c) 修改后的梯形图；
(d) 修改后的指令表

5.6.2　复杂"讯号回流"的修正

如图 5-20 所示，图 5-20（a）是我们想要的梯形图，但是根据梯形图的基本原理，这个梯形图是错误的，其中存在不合法的"讯号回流"，修正后如图 5-20（b）所示，这样才可以完成使用者所需要的电路动作。

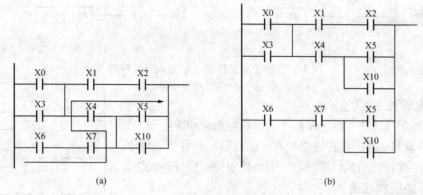

图 5-20 复杂"讯号回流"的修正

（a）讯号回流；（b）修正后

5.7 常用基本程序设计范例

5.7.1 启动、停止及自锁

有些应用场合需要利用按钮的暂态闭合及暂态断开作为设备的启动及停止，因此，若要维持持续动作，则必须设计自锁回路，有下列几种方式。

1. 停止优先的自锁回路

当启动动合触点 X1=On、停止动断触点 X2＝Off 时，Y0=On。此时，将 X2=On，则线圈 Y0 停止受电，所以称为停止优先，如图 5-21 所示。

2. 启动优先的自锁回路

当启动动合触点 X1=On、停止动断触点 X2＝Off 时，Y0=On，线圈 Y0 将受电且自锁。此时，将 X2=On，线圈 Y0 仍因自锁触点而持续受电，所以称为启动优先，如图 5-22 所示。

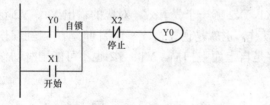

图 5-21 停止优先自锁回路

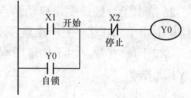

图 5-22 启动优先自锁回路

3. 置位（SET）、复位（RST）指令的自锁回路

图 5-23 是利用 RST 与 SET 指令组合成的自锁电路。

在图 5-23（a）中，RST 指令设置在 SET 指令之后，为停止优先。由于当 PLC 运行程序时，RST 指令由上而下，因此，会以程序最后的 Y1 的状态作为 Y1 的线圈是否受电。当 X1 及 X2 同时动作时，Y1 将失电，因此为停止优先。

在图 5-23（b）中，SET 指令设置在 RST 指令之后，为启动优先。当 X1 及 X2 同时动作时，Y1 将受电，因此为启动优先。

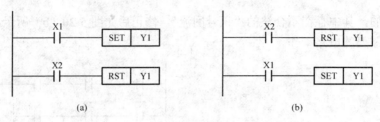

图 5-23 RST 与 SET 指令组合成自锁电路

（a）停止优先；（b）启动优先

4. 停电保持

辅助继电器 M512 为停电保持（请参考附录或相关手册），如图 5-24 所示的电路不仅在通电状态下能自锁，而且一旦停电再复电，还能保持停电的自锁状态，因而使原控制保持连续性。

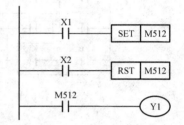

图 5-24 停电保持自锁电路

5.7.2 常用的控制回路

1. 条件控制

如图 5-25 所示，X0、X1 分别启动和停止 Y0，X2、X3 分别启动和停止 Y1，而且均有自锁回路。但是因为 Y0 的动合触点串联进了 Y1 的电路，成为 Y1 动作的一个 AND 的条件，所以 Y1 动作要以 Y0 动作为条件，Y0 动作中 Y1 才可能动作。

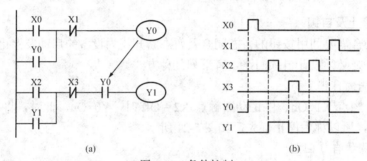

图 5-25 条件控制

（a）条件控制梯形图；（b）条件控制时序图

2. 互锁控制

图 5-26 给出了互锁控制，启动触点 X1、X2 哪一个先有效，对应的输出 Y1、Y2 将先动作，而且其中一个动作了，另一个就不会动作，也就是说 Y1、Y2 不会同时动作（互锁作用）。即使 X1、X2 同时有效，由于梯形图程序是自上而下扫描，Y1、Y2 也不可能同时动作，图 5-26 中 Y1 优先。

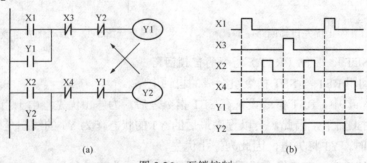

图 5-26 互锁控制

（a）互锁控制梯形图；（b）互锁控制时序图

3. 顺序控制

图 5-27 给出了顺序控制，Y1 的动断触点串入到 Y0 的电路中，作为 Y0 动作的一个 AND 条件，则在这个电路中，不仅有 Y0 通过 M0 作为 Y1 动作的条件，而且当 Y1 动作后还能停止 Y0 的动作，这样就使得 Y0 及 Y1 确实运行顺序动作的程序。

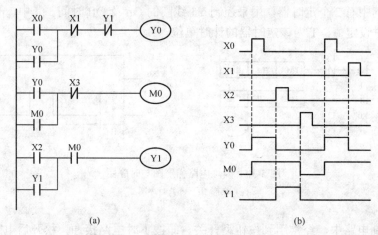

(a)　　　　　　　　　　(b)

图 5-27　顺序控制

（a）顺序控制梯形图；（b）顺序控制时序图

4. 振荡电路

图 5-28 给出了周期为 $\Delta T + \Delta T$ 的振荡电路梯形图与波形图。当开始扫描 Y1 动断触点时，因为 Y1 线圈为失电状态，所以 Y1 动断触点闭合，接着扫描 Y1 线圈时，使之受电，输出为 1。下次扫描周期再扫描 Y1 动断触点时，因为 Y1 线圈受电，所以 Y1 动断触点打开，进而使线圈 Y1 失电，输出为 0。重复扫描的结果，Y1 线圈上输出了周期为 ΔT（On）$+ \Delta T$（Off）的振荡波形。

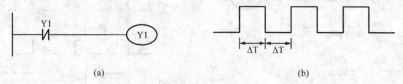

(a)　　　　　　　　　　(b)

图 5-28　周期为 $\Delta T + \Delta T$ 的振荡电路梯形图与波形图

（a）梯形图；（b）波形图

图 5-28 中的振荡周期不能控制，只能随 PLC 程序执行来实现，PLC 程序越长，其周期越长。而图 5-29 给出了周期为 $nT + \Delta T$ 的振荡电路梯形图与时序图。

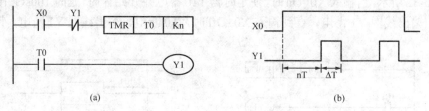

(a)　　　　　　　　　　(b)

图 5-29　周期为 $n\Delta T + \Delta T$ 的振荡电路梯形图与时序图

（a）梯形图；（b）时序图

图 5-29 中的梯形图程序使用定时器 T0 控制线圈 Y1 的受电时间，Y1 受电后，它在下个

扫描周期又使定时器 T0 关闭，进而使 Y1 的输出成了图 5-29 中的振荡波形。其中，n 为定时器的十进位设定值，T 为该定时器时基（时钟周期）。

5. 闪烁电路

在电气控制电路中，经常使用指示灯闪烁或使蜂鸣器报警。图 5-30 给出了闪烁电路梯形图与时序图。其中有 2 个定时器，用来控制 Y1 线圈的 On 及 Off 时间。其中，n1、n2 分别为 T1 及 T2 的计时设定值，T 为该定时器的计时单位。

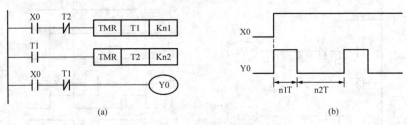

图 5-30　闪烁电路梯形图与时序图
（a）梯形图；（b）时序图

6. 触发电路

在电气控制电路中，经常用到按钮型开关，即按下时电路接通，松开后电路断开，为方便使用，PLC 程序中可设计成触发电路，如图 5-31 所示。X0 的上升沿微分指令使线圈 M0 为 ΔT（一个扫描周期时间）的单脉冲，在这个扫描周期内线圈 Y1 也受电。下个扫描周期线圈 M0 失电，其动断触点 M0 及动断触点 Y1 都闭合着，进而使线圈 Y1 继续保持受电状态，直到输入 X0 又来了一个上升沿，再次使线圈 M0 受电一个扫描周期，同时导致线圈 Y1 失电……这种电路常用于靠一个输入使两个动作交替运行。另外，由时序图可以看出：当输入 X0 是一个周期为 T 的方波信号时，线圈 Y1 输出便是一个周期为 2T 的方波信号。

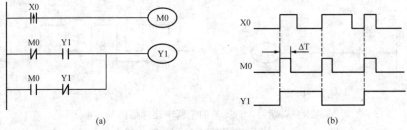

图 5-31　触发电路梯形图与时序图
（a）梯形图；（b）时序图

7. 延迟电路

如图 5-32 所示，当输入 X0=On 时，使定时器 T10 得电并开始计时，延时 100s（K1000*0.1s=100s）后，输出线圈 Y1 得电，直到输入 X0=Off 时，T0 断电，输出线圈 Y1 断电，计时单位：T = 0.1s。

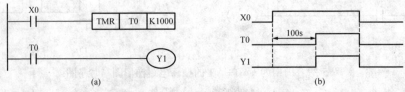

图 5-32　延迟电路梯形图与时序图
（a）梯形图；（b）时序图

8. 通断延迟电路

在电路中使用 2 个定时器可实现通断延迟，如图 5-33 所示，当输入 X0=On 或 Off 时，输出 Y4 都会产生延时动作。

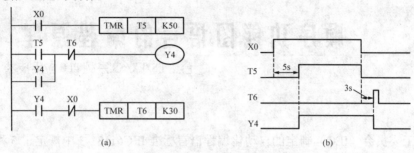

图 5-33　通断延迟电路梯形图与时序图

(a) 梯形图；(b) 时序图

9. 延长计时电路

16 位计时器的计时上限为 32 767T，若实际电路需要更长的计时时间，则可以使用多个计时器组成的延长计时电路，如图 5-34 所示。输入 X0=On，T11 先计时，n_1 个计时单位 T 后，再由 T12 计时，n_2 个计时单位 T 后，Y4 得电。所以从 X0=On 到输出 Y4 得电的总延迟时间 =（n_1+n_2）×T。图 5-34 中的计时单位：T=0.1s。

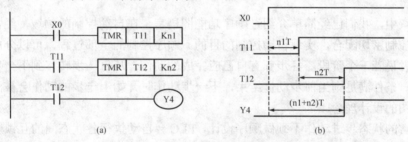

图 5-34　延长计时电路梯形图与时序图

(a) 梯形图；(b) 时序图

10. 扩大计数范围

16 位的计数器，计数范围为 0～32 767，如图 5-35 所示的电路，用 2 个计数器，可使计数数值扩大到 $n_1×n_2$。当计数器 C5 计数到达 n_1 时，将使计数器 C6 计数一次，同时将自己重定（Reset），以接着对来自 X13 的脉冲计数。当计数器 C6 计数到达 n_2 时，则自 X13 输入的脉冲正好是 $n_1×n_2$ 次。

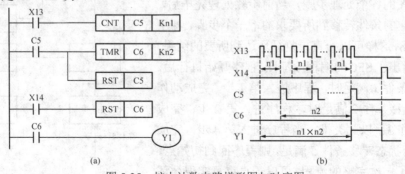

图 5-35　扩大计数电路梯形图与时序图

(a) 梯形图；(b) 时序图

第 **6** 章 CHAPTER 6

顺序功能图语言的编程原理

国际电工委员会（IEC）制定的自动化编程语言标准 IEC61131-3 中规定了 5 种语言，即语句表（STL）、梯形图（LD）、顺序功能图（SFC）、功能块图（FBD）和结构文本（ST）。IEC 并不要求每种产品都必须同时使用这 5 种语言，而是使用其中的 1 种或几种。台达 PLC 编程可以使用语句表、梯形图和顺序功能图这 3 种语言。第 4 章和第 5 章介绍了语句表和梯形图编程原理，本章将介绍顺序功能图的编程原理。

6.1 顺序功能图的概念

在第 2 章中，我们已经简单介绍过顺序功能图语言。在自动控制的领域，经常需要电气控制与机械控制密切配合，实现自动控制的目的。顺序控制的全部过程，可以分成有序的若干步序，或者说若干个阶段。各步都有自己应完成的动作。从每一步转移到下一步，一般都是有条件的，条件满足则当前步动作结束，下一步动作时开始上一步的动作会被清除，这就是顺序功能图的设计理念。

对于经常的状态步进动作不须做顺序设计，PLC 会自动执行各状态间的互锁及双重输出等处理。只要针对各状态做简单的顺序设计即可使机械正常动作。动作易了解，可轻易作试运行调整，检查错误及维护保养的工作。

SFC 的编辑原理属于图形编辑模式，整个架构看起来像流程图，它是利用 PLC 内部的步进继电器装置 S，每一个步进继电器装置 S 的编号就当做一个步进点，也相当于流程图的各个处理步骤，当前步骤处理完毕后，再依据所设定的条件转移到所要求的下一个步骤，即下一个步进点 S，这样可以一直重复循环达到所要的结果。

图 6-1 给出了 SFC 的编程原理图。程序开始执行后，当状态转移条件 1 满足时，程序进入第 1 步，完成动作 1；当状态转移条件 2 满足时，程序进入第 2 步，完成动作 2 和动作 3；以此类推，当程序进入第 4 步，完成动作 5 后，若状态转移条件 5 满足，则程序回到初始点，这样就完成了一次完整的流程，可以一直重复实现循环的控制。

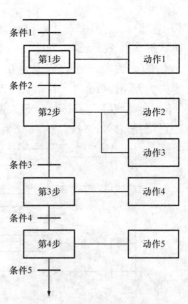

图 6-1　SFC 的编程原理图

6.2 顺序功能图的基本图标和指令

6.2.1 顺序功能图的基本图标

顺序功能图因为是按先后步序执行的，也是图形编程语言，还与一般梯形图密不可分，所以有时也叫步进梯形图。表 6-1 给出了顺序功能图的基本图标。

表 6-1 顺序功能图的基本图标

图　标	说　明
LAD	梯形图形模式，此图形表示内部编辑程序的梯形图为非步进梯形的程序，一般为一些初始化动作程序
□	初始步进点图形，此种双框的图形代表是 SFC 的初始步进点用图形，可使用的装置范围 S0～S9
□	一般步进点图形，可使用的装置范围为 S10～S127
↱	步进点跳转图形，使用在步进点状态转移到非相邻的步进点。用于相同流程间向上跳转、向下非相邻的步进点跳转、返回初始步进点跳转或不同流程间的跳转
┤├	步进点转移条件图形，各个步进点之间状态转移的条件
┤	选择分支图形，由同一步进点将状态根据不同的条件转移到相对应的步进点
├	选择汇合图形，由两个或两个以上步进点将状态经条件转移到相同的步进点
╪	并行分支图形，由同一步进点将状态根据同一条件转移至两个以上的步进点
╪	并行汇合图形，当由两个或两个以上步进点状态同时成立时，以同一条件转移到相同的步进点

6.2.2 步进梯形开始指令 STL

步进梯形开始指令 STL Sn 构成一个步进点，当 STL 指令出现在程序中，代表程序进入以步进流程控制的步进梯形图状态。用 STL 指令做顺序功能图设计语法的指令，可以让程序设计人员在程序规划时，能够像平时画流程图一样，对于程序的步序更为清楚，使程序更具可读性。

6.2.3 步进梯形结束指令 RET

步进梯形结束指令 RET 代表一个步进流程的结束，所以一连串步进点的最后一定要有 RET 指令。一个程序可带有多个步进流程，每一个步进流程结束时，一定要写入 RET 指令，RET 指令的使用次数没有限制，搭配初始步进点（S0～S9）使用。若步进流程结束而没有写入 RET 指令，则 WPL 编译器会检查出错误。

在 PLC 程序中，步进梯形的初始状态必须由 S0～S9 开始，最多可写入 S0～S9 共 10 个步进流程，而每一个步进流程都要通过 STL 指令进入，结束时要使用 RET 指令。SFC 图就是利用 STL 指令和 RET 指令组成的步进梯形图完成控制动作，其中步进点 S 编号不能重复。图 6-2 给出了 STL 和 RET 指令的应用。

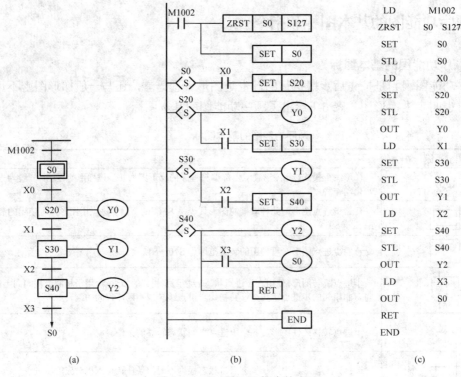

图 6-2 STL 和 RET 指令的应用

（a）顺序功能图；（b）梯形图；（c）指令表

在图 6-2 中，PLC 开始运行后，内部辅助继电器 M1002 会产生 1 个上升沿触发脉冲，执行 ZRST 指令，将 S0 至 S127 复位清零，然后再执行 SET 指令，将 S0 置位，进入初始步进点；当 X0=On 时，执行 SET 指令将 S20 置位，进入步进点 S20，Y0 线圈接通；然后，当 X1=On 时，执行 SET 指令将 S30 置位，进入步进点 S30，Y1 线圈接通，Y0 线圈断开；而后，当 X2=On 时，执行 SET 指令将 S40 置位，进入步进点 S40，Y2 线圈接通，Y1 线圈断开；再后，当 X3=On 时，由 OUT 指令将 S0 置位，由 RET 指令返回初始步进点 S0，Y2 线圈断开。这样就完成了一次循环。

6.3 步进梯形的动作说明

6.3.1 步进梯形动作

步进梯形是由很多个步进点组成的，每一个步进点代表控制流程的一个动作，一个步进点必须执行三个任务，即驱动输出线圈、指定转移条件和指定控制权转移的下一步进点。图 6-3 给出了步进梯形动作实例。

当 S10=On 时，Y0 直接为 On，Y1 由 SET 指令置位 On；之后，当 X0=On 时，S20=On、Y10 直接为 On，而 S10 变为 Off，Y0 随之为 Off、Y1 使用 SET 指令仍为 On；X1=On 时，S30=On，S20 又为 Off。

在此例中，S10、S20 及 S30 为步进点，对于步进点 S10

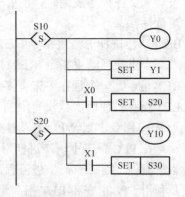

图 6-3 步进梯形动作实例

而言，Y0 和 Y1 为输出线圈，X0 为转移条件，S20 为控制权转移的下一步进点；对于步进点 S20 而言，Y10 为输出线圈，X1 为转移条件，S30 为控制权转移的下一步进点。

6.3.2 步进梯形动作时序图

当状态接点 Sn=On 时，则电路动作；Sn=Off 时，电路不动作。以上动作会延迟 1 个扫描时间执行。图 6-4 给出了步进梯形动作时序图实例。在状态转移的过程中，S10=Off 与 S12=On 同时发生，但程序要延迟 1 个扫描时间执行 Y10=Off、Y11=On，这样不会有重叠输出的现象。

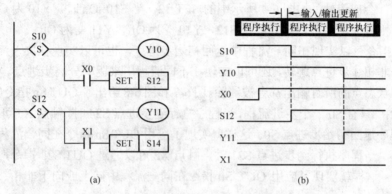

(a)　　　　　　　　　　　　(b)

图 6-4 步进梯形动作时序图实例

(a) 步进梯形图；(b) 时序图

6.3.3 输出线圈的重复使用

在步进梯形图不同的步进点中，可使用同号的输出线圈，而一般梯形图中应避免输出线圈的重复使用。在步进点所使用的输出线圈号码，最好在步进梯形图回到一般梯形图后，也避免使用。

以图 6-5 为例，不同状态之间可以使用同一输出装置，即 S10 和 S20 中都用到了 Y0，无论 S10 还是 S20 为 On 时，Y0 都会为 On。在状态步进点由 S10 至 S20 的转移过程中，Y0 会为 Off，最终 S20=On 之后，Y0 又为 On。

6.3.4 定时器的重复使用

ES/EX/SS 系列机型的定时器可在不同的步进点中重复使用，但与一般的输出点不同的是，仅可在不相邻的步进点中重复使用。这是步进梯形图的特点之一，但在一般梯形图当中最好避免这样的重复使用。图 6-6 给出了定时器的重复使用实例。

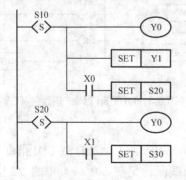

图 6-5 输出线圈的重复使用图实例

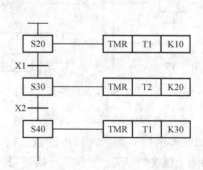

图 6-6 定时器的重复使用实例

6.3.5 步进点的转移

指令 SET Sn 及 OUT Sn 都是用来启动（或称转移至）下一个步进点，当控制权移动到下一个步进点后，原步进点 S 的状态及其输出点的动作都会被清除。由于程序中可以同时存在有多个步进控制流程，分别以 S0～S9 为启始所引导的步进梯形图，步进的转移可以在同一步进流程，也可能转移至不同的步进流程，因此，步进点转移指令 SET Sn 及 OUT Sn 在用法上有些许差异。

SET Sn 指令是在同一个流程中，用来驱动下一个状态步进点，状态转移后，前一个步进点的所有输出都会被清除。如图 6-4 所示中的 SET 12，当 S10=On 时，Y10 为 On，若 X0 由 Off 变为 On，则程序由步进点 S10 进入 S12，Y10 变为 Off，Y11 变为 On。

OUT Sn 指令可以实现在同一流程中返回初始步进点，也可以实现在同一流程中的步进点向上或向下非相邻步进点跳转，还可以实现在不同流程用来驱动分离步进点。状态转移后，之前所有动作状态点的所有输出都会被清除。图 6-7 和图 6-8 给出了 OUT Sn 指令的应用实例。

在图 6-7 中，只有 S0 一个步进流程，当程序执行到步进点 S24 时，触点 X7 可以通过 OUT S0 指令，使程序返回初始步进点 S0。这样就实现了应用 OUT Sn 指令在同一流程中返回初始步进点。另外，当程序执行到步进点 S21 时，触点 X2 可以通过 OUT S23 指令，使程序跳转到步进点 S23。这样就实现了应用 OUT Sn 指令在同一流程中向上或向下非相邻步进点的跳转。

在图 6-8 中，S0 和 S1 是 2 个独立的步进流程，程序可以由 S0 中的触点 X2，通过 OUT S33 指令转移到 S1 中的步进点 S33，这样就实现了在不同流程中驱动分离步进点。

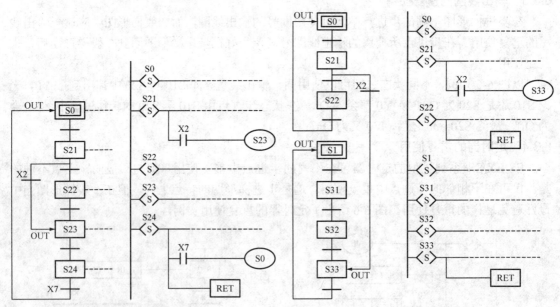

图 6-7　OUT Sn 指令的应用实例 1　　　　图 6-8　OUT Sn 指令的应用实例 2

6.3.6 输出点驱动的限制

如图 6-9（a）所示，在步进点之后，新母线开始第二行一旦写入 LD 或 LDI 指令（见图 6-9 中的 LD X0）后，就不能再从新母线直接连接输出线圈 [见图 6-9（a）中的 Y2]，梯形图编译会产生错误。这时必须修改成如图 6-9（b）所示，才可正确编译。

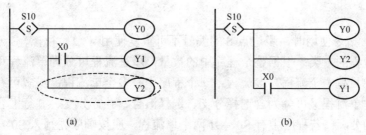

图 6-9　输出点驱动的限制

（a）错误用法；（b）正确用法

6.3.7　一些指令使用的限制

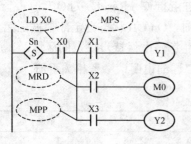

图 6-10　步进点内的 MPS/MRD/MPP 指令

　　每一步进点中程序与一般的梯形图相同，可使用各种串并联回路或应用指令，但有一些指令使用有限制，见表 6-2。步进点内不可使用 MC/MCR 指令。STL 指令不可使用于一般子程序内或中断服务子程序内，但可使用 CJ 指令，而这样会使动作更加复杂，应尽量避免。步进点后必须有 LD 或 LDI 指令，然后再接 MPS/MRD/MPP 指令，如图 6-10 所示。

表 6-2　　　　　　　　　　　　　步进点内一些指令使用的限制

步进点		可用的基本指令	不可用的基本指令
初始步进点		LD/LDI/LDP/LDF AND/ANI/ANDP/ANDF OR/ORI/ORP/ORF INV/OUT/SET/RST ANB/ORB MPS/MRD/MPP	MC/MCR
一般步进点			
分支步进点	一般输出		
	步进点移转		
汇合步进点	一般输出		
	步进点移转		

6.3.8　RET 指令的正确使用

　　在一个步进梯形程序完成之后，必须加上 RET 指令。而 RET 指令必须直接加在 STL 指令的后面。如图 6-11（a）所示，这是错误的用法，必须改成图 6-11（b）的情况。

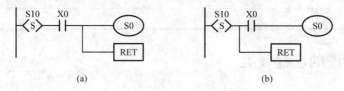

图 6-11　RET 指令的正确使用

（a）错误用法；（b）正确用法

6.3.9　其他注意事项

　　（1）SFC 最前头的步进点称为初始步进点，标号必须为 S0～S9 之一。使用初始步进点作为流程的开始，以 RET 指令结束，才能构成一个完整的步进流程。

　　（2）当程序中没有步进流程，即没有用到 STL 指令时，步进点 S 可当成一般辅助继电器来使用。

（3）当 STL 指令使用时，步进点 S 的编号不可重复使用。

（4）步进流程的分类：根据整个程序中的数量，步进流程可分为单流程和多流程。单流程：一个程序中只有一个流程。多流程：一个程序中有多个单流程，最多可有 S0～S9 共 10 个流程。其中，单流程又可分为含选择分支、选择汇合、并行分支、并行汇合的单流程。

（5）流程的分离：若程序中有 S0、S1 两个单流程，应按顺序先写入 S0，再写入 S1。流程中的某一步进点可指定跳转到其他流程的任一个步进点，如图 6-8 所示，S21 下方的条件成立（X2=On）时，程序跳转至 S1 流程中的 S33 步进点，此动作称为分离步进点。

（6）步进点的复归：可以利用 ZRST 指令将一段步进点重置（Reset）为 Off。

（7）停电保持步进点：停电保持步进点在 PLC 断电时，On/Off 状态会全部会被记忆，再通电时，会保持断电前状态继续往下执行。使用时，须注意停电保持步进点的区域。

（8）特殊辅助继电器与特殊寄存器，如表 6-3 所示，详细说明请参考相关手册。

表 6-3　　　　　　　　　　　　特殊辅助继电器与特殊寄存器

编　　号	功　　能
M1040	步进禁止，当 M1040 为 On 时，步进点的移动全部禁止
M1041	步进开始，IST 指令用标志
M1042	启动脉冲，IST 指令用标志
M1043	原点回归完毕，IST 指令用标志
M1044	原点条件，IST 指令用标志
M1045	全部输出复位禁止，IST 指令用标志
M1046	STL 状态设定 On，只要有任一步进点导通 M1046 为 On
M1047	STL 监视有效
D1040	步进点 S 导电（On）状态编号 1
D1041	步进点 S 导电（On）状态编号 2
D1042	步进点 S 导电（On）状态编号 3
D1043	步进点 S 导电（On）状态编号 4
D1044	步进点 S 导电（On）状态编号 5
D1045	步进点 S 导电（On）状态编号 6
D1046	步进点 S 导电（On）状态编号 7
D1047	步进点 S 导电（On）状态编号 8

6.4　步进梯形图的流程分类

6.4.1　单流程与多流程

单流程：一个程序中只有一个流程，如图 6-12 所示，此程序中只有 S0 一个流程。多流程：一个程序中有多个单流程，最多可有 S0～S9 共 10 个流程，如图 6-13 所示，此程序中有 S0、S1 及 S2 三个流程，流程中的某一步进点可指定跳转到其他流程的任一个步进点，如 S0 中的 S21 步进点可由触点 X0 跳转到 S1 中的 S33 步进点，S1 中的 S33 步进点可由触点 X1 跳转到 S2 中的 S41 步进点。

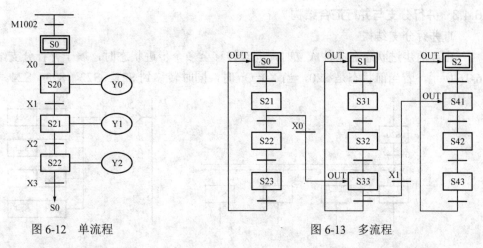

图 6-12　单流程　　　　　　　　　　图 6-13　多流程

6.4.2　选择分支与选择汇合结构

1. 选择分支结构

由当前步进状态在个别条件成立时，转移至个别状态时，属于选择分支结构。如图 6-14 所示，当前步进状态是 S10，当 X0=On 时，转移到 S20；当 X1=On 时，转移到 S30，当 X2=On 时，转移到 S40。

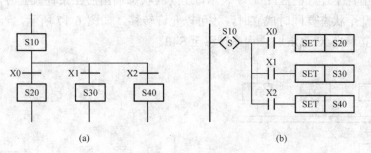

图 6-14　选择分支结构

（a）步进梯形图；（b）梯形图

2. 选择汇合结构

由几个步进状态在个别条件成立时，都能转移至同一个步进状态时，属于选择汇合结构。如图 6-15 所示，S40、S41 及 S42 三个步进状态的输入信号 X0、X1 及 X2 只要有一个成立，程序就转移至 S50。

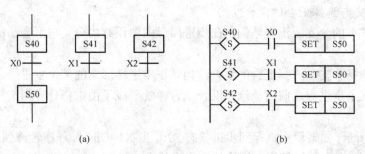

图 6-15　选择汇合结构

（a）步进梯形图；（b）梯形图

6.4.3 并行分支与并行汇合结构

1. 并行分支结构

由当前步进状态在条件成立时，同时转移至多个步进状态时，属于并行分支结构，如图 6-16 所示，若当前状态是 S20，当 X0=On 时，同时转移到 S21、S22、S23、S24。

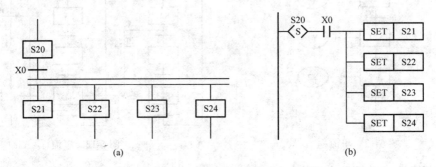

(a)   (b)

图 6-16 并行分支结构

（a）步进梯形图；（b）梯形图

2. 并行汇合结构

由几个步进状态在同一个条件成立时，转移至下一个步进状态时，属于并行汇合结构。这种结构需要用几个连续的 STL 命令表示，连续的状态输出后在条件成立时，才能转移到下一个状态，即几个状态要同时成立时，才可以允许转移。如图 6-17 所示，若状态 S31、S32 及 S33 同时成立，当 X1=On 时，程序转移至 S40。

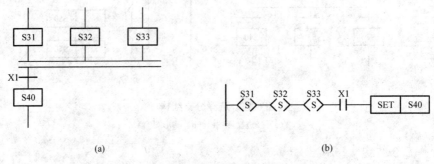

(a)   (b)

图 6-17 并行汇合结构

（a）步进梯形图；（b）梯形图

6.4.4 分支与汇合的混合结构

1. 选择分支与选择汇合的混合结构

除了上述简单的分支或汇合结钩，在步进梯形图中还有由分支与汇合结构组合而成的混合结构。

首先介绍选择分支与选择汇合的混合结构。在步进梯形图的某个步进点之后出现选择分支，而后又在某个步进点之前出现选择汇合，这样就形成了由选择分支与选择汇合的混合结构。

如图 6-18 所示，如果程序执行到步进状态 S20，当 X1=On 时，程序转移到 S30；当 X2=On 时，程序转移到 S31。如果程序继续执行到步进状态 S40 或 S41，当 X4=On 或 X6=On 时，程序都会转移到 S50。

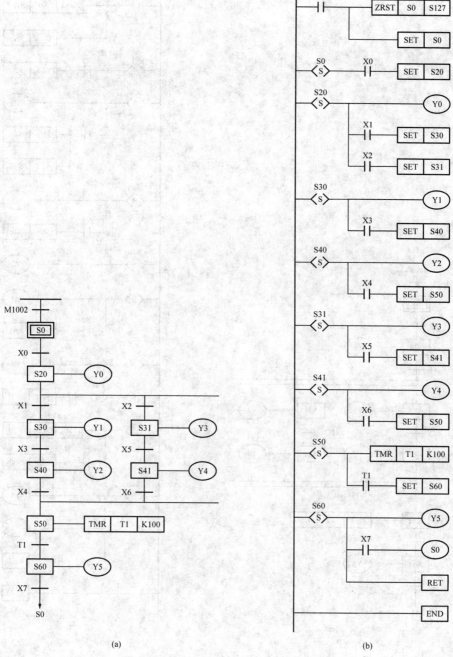

(a) (b)

图 6-18 选择分支与选择汇合的混合结构

（a）步进梯形图；（b）梯形图

2. 并行分支与并行汇合的混合结构

在步进梯形图的某个步进点之后出现并行分支，而后又在某个步进点之前出现并行汇合，这样就形成了由并行分支与并行汇合的混合结构。

如图 6-19 所示，如果程序执行到步进状态 S20，当 X1=On 时，程序转移到 S30 和 S31。如果程序继续执行到步进状态 S40 和 S41，当 X4=On 时，程序会转移到 S50。

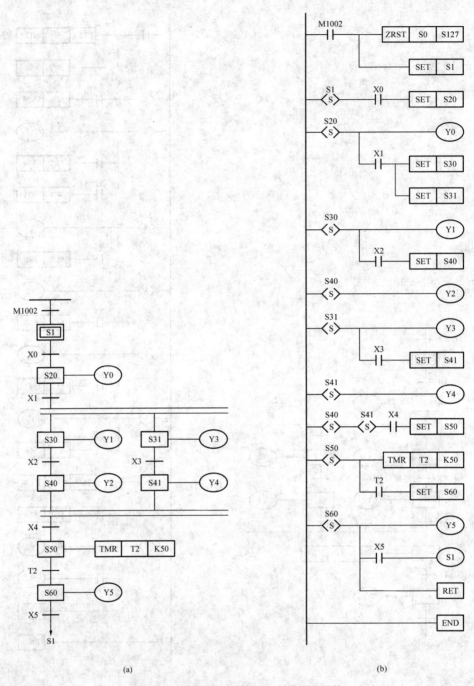

图 6-19 并行分支与并行汇合的混合结构

（a）步进梯形图；（b）梯形图

3. 选择分支与并行汇合的混合结构

在步进梯形图的某个步进点之后出现选择分支，而后又在某个步进点之前出现并行汇合，这样就形成了由选择分支与并行汇合的混合结构。

如图 6-20 所示，如果程序执行到步进状态 S20，当 X1=On 时，程序转移到 S30，当 X2=On 时，程序转移到 S31。如果程序继续执行到步进状态 S40 和 S41，当 X5=On 时，程序会转移到 S50。

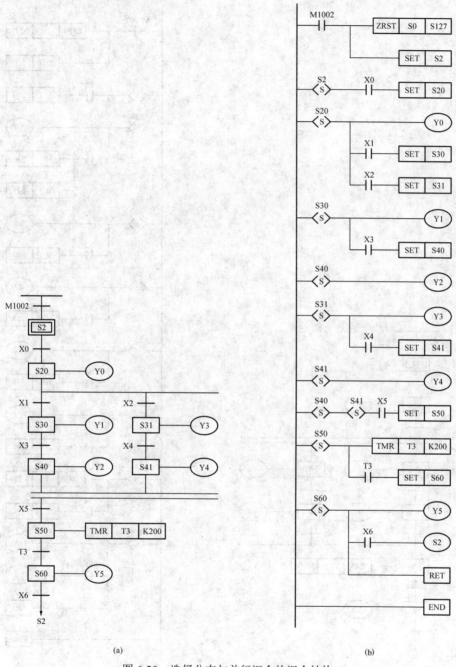

(a)　　　　　　　　　　　　　　　　(b)

图 6-20　选择分支与并行汇合的混合结构

（a）步进梯形图；（b）梯形图

4. 并行分支与选择汇合的混合结构

在步进梯形图的某个步进点之后出现并行分支，而后又在某个步进点之前出现选择汇合，这样就形成了由并行分支与选择汇合的混合结构。

如图 6-21 所示，如果程序执行到步进状态 S20，当 X1=On 时，程序转移到 S30 和 S31。

如果程序继续执行到步进状态 S40 或 S41，当 X3=On 或 X5=On 时，程序都会转移到 S50。

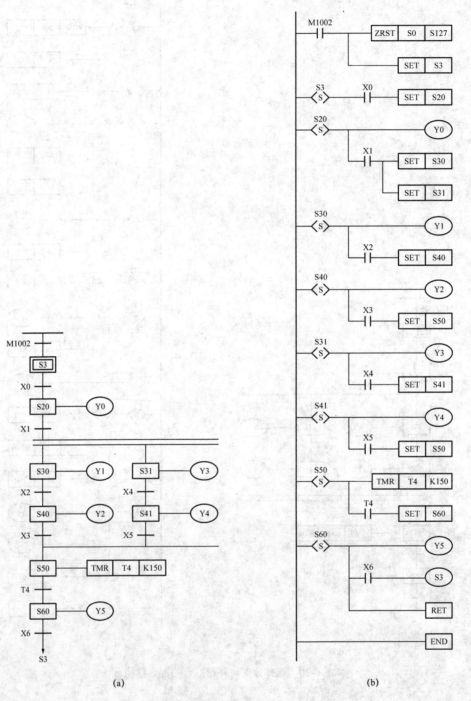

图 6-21　并行分支与选择汇合的混合结构

（a）步进梯形图；（b）梯形图

6.4.5　用步进梯形图编程时的特殊问题

（1）STL 指令仅对状态步进点 S 有效，不能用于其他装置。无论 S 是不是步进点，其触点都可以当做普通继电器的触点使用。

（2）初始状态步进点必须使用 S0～S9。在初始步进点下面的分支总和不能超过 16 个。

（3）在每个分支点上再引出的分支不能多于 8 个。

（4）相邻执行的 2 个步进点，不能使用同一个定时器。否则定时器没有复位，继续计时，会引起程序混乱或错误。

（5）在自程序或中断服务程序中不能有状态转移，也就是不能使用 STL 指令。

（6）在步进点内部，最好不使用 CJ 指令，以免出现混乱。

6.5　步进梯形图的应用

使用步进梯形指令完成对交通灯控制。

在交通灯的控制中，输入很少，甚至可以只要 1 个空气开关，启动整个系统，PLC 就能实现对交通灯的控制。图 6-22 给出了交通灯示意图，这里只考虑控制机动车的红灯、黄灯和绿灯。此时，交通灯的控制主要是红灯、黄灯和绿灯亮灭的时间控制。表 6-4 给出了交通灯控制过程。图 6-23 给出了交通灯控制的步进梯形图。图 6-24 给出了交通灯控制的梯形图。图 6-25 给出了交通灯控制的时序图。

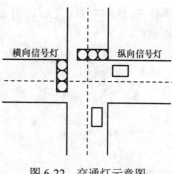

图 6-22　交通灯示意图

表 6-4　　　　　　　　　　　　交 通 灯 控 制 过 程

交通灯控制	红灯	黄灯	绿灯	绿灯闪烁
纵向信号灯	Y0	Y1	Y2	Y2
横向信号灯	Y10	Y11	Y12	Y12
时间（s）	35	5	25	5

这个步进梯形图程序的执行过程是

（1）程序启动后，M1002 产生 1 个上升沿脉冲，先执行 ZRST 指令，将步进点 S0～S127 复位，再执行 SET 指令，将 S0 置位，进入步进点 S0。

（2）S0 置位后，进入并行分支，执行 SET 指令，将 S20 和 S30 置位，进入步进点 S20 和 S30。

（3）进入 S20 后，纵向信号红灯点亮，定时器 T0 开始计时，35s 之后，执行 SET 指令，将 S21 置位，进入步进点 S21。

（4）进入 S30 后，横向信号绿灯点亮，定时器 T10 开始计时，25s 之后，执行 SET 指令，将 S31 置位，进入步进点 S31。

（5）进入 S31 后，定时器 T11 开始计时，M1013 可发出以 1s 为周期的 On/Off 脉冲，从而横向信号绿灯闪烁 5 次，正好 T11 计时 5s，执行 SET 指令，将 S32 置位，进入步进点 S32。

（6）进入 S32 后，横向信号绿灯熄灭，黄灯点亮，定时器 T12 开始计时，5s 之后，执行 SET 指令，将 S33 置位，进入步进点 S33。

（7）在进入 S33 的同时，程序也进入 S21。此时在 S21 中，纵向信号红灯熄灭，绿灯点亮，定时器 T1 开始计时，25s 之后，执行 SET 指令，将 S22 置位，进入步进点 S22。在 S33 中，横向信号黄灯熄灭，红灯点亮，定时器 T13 开始计时，35s 之后，由 OUT 指令返回初始步进点 S0。

（8）进入 S22 后，定时器 T2 开始计时，纵向信号绿灯闪烁 5 次，5s 之后，执行 SET 指令，将 S23 置位，进入步进点 S23。

（9）进入 S33 后，纵向信号绿灯熄灭，黄灯点亮，等待 T13 计时 35s 之后，由 OUT 指令返回初始步进点 S0。

返回 S0 后，程序又开始了新一次的循环。

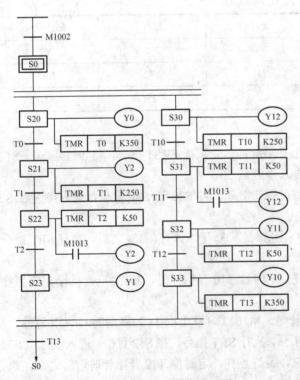

图 6-23　交通灯控制的 SFC 图

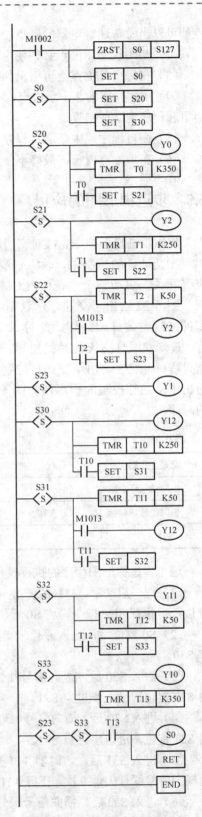

图 6-24　交通灯控制梯形图

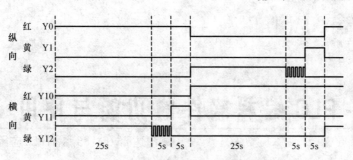

图 6-25　交通灯控制的时序图

PLC 编程软件的功能与使用

台达 ES/EX/SS 系列 PLC 应用技术（第二版）

使用计算机辅助编程直观方便，而且便于程序的管理，具有编程器无可比拟的优势。随着计算机技术的不断发展，计算机辅助编程将得到更广泛的使用。WPLSoft 是台达电子可编过程控制器 DVP 系列在 Windows 操作系统环境下所使用的程序编程软件。该软件功能强大，界面友好，而且可提供联机帮助功能。本章主要介绍 WPLSoft 的安装、基本功能以及如何使用它来进行编程。

7.1 软件简介与安装

WPLSoft 除了一般 PLC 程序的规划及 Windows 的一般编辑功能（例如，剪切、粘贴、复制、多窗口）外，另外提供多种中/英文批注编辑及其他便利功能，如寄存器编辑、设置、文件读取、存盘及各接点图标监测与设置等。

安装 WPLSoft 编程软件的基本需求如表 7-1 所示。

表 7-1　　　　　　　　　　　　ES 系列 PLC 的输入特性

项　目	系 统 需 求
操作系统	Windows 98/2000/NT/ME/XP/Win7
CPU	Pentium 100 以上机型
内存	128MB 以上（建议使用 256MB 以上）
磁盘驱动器	硬盘容量：至少 500MB 以上空间 光驱一部（安装本软件时使用）
显示器	分辨率：640×480，16 色以上 建议将荧幕区域设置为 800×600 个像素
鼠标	一般用鼠标或 Windows 兼容的装置
打印机	具 Windows 驱动程序的打印机
RS-232 端口	至少需有一个 RS-232 端口可与 PLC 连接
适用 PLC 机型	台达 DVP-PLC 全系列

WPLSoft 编程软件可以从中达电通公司网站下载，也可从光驱安装。双击 setup.exe，安装程序运行。这一步骤后的画面为 WPLSoft 软件的版权及系统需求信息对话框，使用者可按下 Next 按钮进行之后的安装工作，如图 7-1 所示。

接下来会出现用户信息对话框，如图 7-2 所示。输入使用者姓名、公司名称后按下 Next 按钮进行之后的安装工作。

图 7-1　WPLSoft 软件版权对话框

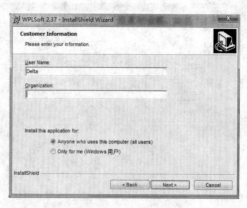

图 7-2　用户信息对话框

图 7-3　指定安装文件夹对话框

接下来会出现指定安装文件夹，如图 7-3 所示。以下步骤可按下 Change 按钮，改变安装路径，或按下 Next 按钮，以便进行下一步。

确认填入信息无误以后，按下 Install 按钮，开始安装。最后按下 Finish 键，安装完成。

7.2　初始设置与程序建立

安装完成后，WPLSoft 程序将被建立在所指定的预设子目录下。此时直接以鼠标点取 WPL 图标按钮（ICON）就可以执行编辑软件了。软件执行后会出现 WPLSoft 编程软件的版本信息及日期信息，如图 7-4 所示。

几秒钟后出现 WPL 编程器窗口，如图 7-5 所示。单击文件（F）菜单中的新建（N）或快捷按钮 出现图 7-6 所示的机种设置对话框。使用者可以由这个对话框来设置新文件程序应用在何机型的 PLC。当选定机型名称后，WPLSoft 会自动选定可支持的程序容量大小。编辑程序的标题，程序标题可用来记录该程序的基本功能说明。例如一程序所做的控制都与变频器有关，就命名为变频器控制。此外，对话框中还包含有通信设置模块，可以对传输方式进行选择，并设置通信时间。该选项也

图 7-4　版本信息及日期信息界面

可以在编程界面的设置菜单栏里设置。完成上述设置后，点击确定按钮，即可产生空白文件，此时出现两个子窗口，如图 7-7 所示，一个为梯形图模式窗口，另一个为指令模式窗口。使用者可根据熟悉的设计习惯选择编辑模式，来编辑 PLC 程序。梯形图模式是通过梯形图编辑完成须经由编译转换成指令码或 SFC 图，指令模式是用指令编辑完成须经由编译转换成梯形图或 SFC 图。

WPLSoft 已经预先指定所产生的文件类型为 *.dvp。WPLSoft 会预设新开启的文件名称为 dvp0.dvp。

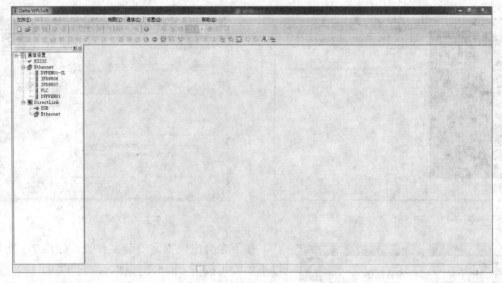

图 7-5　WPLSoft 启动窗口

图 7-6　机种设置对话框

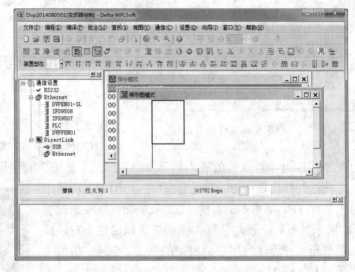

图 7-7　WPLSoft 主窗口

7.3　编程软件的主要功能

进入 WPLSoft 编程软件后的第一个画面为图 7-5 所示的 WPLSoft 启动窗口，其功能选择栏上会有 5 个菜单，文件（F）、视图（V）、通信（C）、设置（O）与帮助（H）。建立新文件后，窗口界面将如图 7-7 所示，其功能选择栏上会有其他选项，编程（E）、编译（P）、批注（M）、查找（S）、视图（V）、向导（I）和窗口（W），以下将依序介绍这些选项。

7.3.1　文件菜单

文件（F）菜单如图 7-8 所示，提供以下功能选项：

（1）新建：建立一个空白的程序编辑文件。

（2）打开：开启磁盘驱动器中的旧程序文件。

（3）保存：将目前正在编辑的所有程序数据保存到磁盘驱动器。

（4）另存为：将目前文件另存成其他文件名。

（5）关闭：关闭目前正在编辑的程序项目。

（6）打印：打印目前的文件。WPLSoft 会根据目前工作窗口模式打印数据。

（7）打印设置：选择打印机及其相关属性设置。

（8）程序对比：验证目前 PLC 内的程序是否和编辑中的程序相同。

（9）汇出：将符号表或装置批注汇出存盘。

（10）汇入：将存盘的符号表或装置批注记录文件汇入。

（11）退出：结束 WPLSoft 编辑软件。

7.3.2　编程菜单

编辑（E）菜单如图 7-9 所示，提供以下命令：

图 7-8　文件（F）菜单

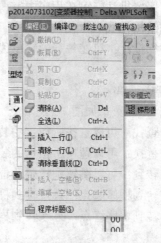

图 7-9　编辑（E）菜单

（1）撤销：还原上一动作，最多可撤销 10 次条命令。

（2）恢复：重复之前的动作。

（3）剪下：剪切文件中的区块数据。

（4）复制：复制文件中的区块数据。

（5）粘贴：粘贴区块数据到文件上。

（6）清除：将标示区块或编辑方块所在位置的数据清除。

（7）全选：选取程序文件所有内容并标示区块。

（8）插入一行：插入一行空白栏到文件中。

（9）清除一行：清除文件上的一行数据。

（10）清除垂直线：清除文件上的垂直线，此命令只适用于梯形图编辑模式下。

（11）插入一空格：在 SFC 编辑文件中向右插入一格空白，此命令只适用于 SFC 模式下。

（12）缩减一空格：在 SFC 编辑文件中向左缩减一空格，此命令只适用于 SFC 模式下。

（13）程序标题：编辑建立程序标题、文件名称、公司名称及设计人，在打印时可以此标题页内容作为简易封面。

7.3.3　编译菜单

编译（P）菜单如图 7-10 所示，提供以下命令：

（1）梯形图=>指令：梯形图程序转换为指令码。

（2）指令=>梯形图：将指令码转换成梯形图程序。

（3）SFC=>指令：将 SFC 图形转换成指令码（若要将 SFC 图形转换成梯形图，须先将 SFC 图形转换成指令码，再由指令码转换成梯形图程序）。

图 7-10　编译（P）菜单

（4）指令=>SFC：将指令码转换成 SFC 图形。

7.3.4　批注菜单

批注（M）菜单如图 7-11 所示，提供以下命令：

（1）装置批注：当编辑方块停在含有操作数的命令上时，可替该指令的每个操作数装置组件加上批注。

（2）区段批注：可在程序中空白行编辑区段批注，必须在一空白行才可以编辑。只适用于梯形图编辑模式。

（3）行批注：可在每行的输出线圈或命令后加上行批注，这条命令只适用于梯形图编辑模式下。

7.3.5　查找菜单

查找（S）菜单如图 7-12 所示，提供以下命令：

（1）查找：可以查找所指定的装置（组件）名称及命令。

（2）替换：可以替换所指定的装置（组件）名称及命令。

（3）转到：可以跳转到指定的位置（以 STEP 为单位）。

（4）转到程序起点：直接转到程序的起点。

（5）转到程序终点：直接转到程序最后一行的位置。

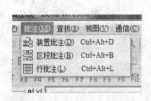 

图 7-11　批注（M）菜单　　　　　图 7-12　查找（S）菜单

7.3.6　视图菜单

视图（V）菜单如图 7-13 所示，提供以下命令：

（1）工具栏：包含一般编辑工具、状态栏、快速工具、梯形图工具与 SFC 工具。

（2）工作区：显示/隐藏项目模式工作窗口区，在此工作区可直接点取相关功能窗口及进行联机机型通信侦测和设置。

（3）讯息区：显示/隐藏信息区，此信息区会显示编译错误的地址、文法检查的错误信息及 SFC 编辑编译后的信息提示。

（4）监控数值型态：在梯形图监控模式下切换 WPLSoft 各个寄存器内容值显示的数值进制；设置寄存器显示数值为有号十进制、十六进制、ASCⅡ码或浮点数。监控数值型态可在

图 7-13　视图（V）菜单

梯形图监控/装置监控模式下选择使用，另装置监控模式下可利用鼠标右键监控数值型态来设置寄存器显示数值为无号十进制、BCD 值、二进制。

（5）浮点数显示设置：设置监控模式下浮点数显示之位数，设置范围 0～50。

（6）窗口比例：调整窗口的程序文字/图形内容显示比例，有 50%、75%、100%、125%、150%、175%、200%，以及放大、缩小、最适大小的窗口显示比例供选择。

（7）指令模式：切换工作窗口为指令模式。

（8）梯形图模式：切换工作窗口为梯形图模式。

（9）步进梯形编程：切换工作窗口为步进梯形 SFC 图模式。

（10）装置监控窗口：切换工作窗口进入装置监控窗口模式。

（11）装置批注表：显示所有装置的批注窗口。使用装置批注命令帮助使用者在此窗口编辑所有装置组件的批注。

（12）装置使用状况：显示所有装置组件的使用状况。

（13）显示批注：切换装置及行批注显示或隐藏。

（14）内置梯形图模式：切换工作窗口进入内置梯形图模式。

（15）使用者符号定义表：显示使用者符号定义表窗口。

（16）系统区块：可以查看停电保持区、查看装置批注设置的范围和设定 PLC 的初始值。

7.3.7　通信菜单

通信（C）菜单如图 7-14 所示，提供以下命令：

（1）PC<=>（PLC|HPP）：PC 与 PLC 或 PC 与 HPP 做通信，可读取或写入程序。

（2）系统安全设置：可以对 PLC 进行密码锁定和解除，要在连接 PLC 的情况下使用。

（3）运行：执行 PLC。

（4）停止：停止 PLC 的执行。

（5）梯形图监控开始：切换到梯形图的监控模式，这条命令仅在梯形图模式有效。

（6）SFC 监控开始：切换到 SFC 编辑模式的监控模式，这条命令仅在 SFC 编辑模式有效。

（7）装置监控：切换到装置的监控窗口，可得知监控的装置状态与数值。

（8）装置设置 ON/OFF：强制将装置（Y、M、S、T、C）设置为 ON 或 OFF，此命令仅在监控模式有效。

图 7-14　通信（C）菜单

（9）设置当前值：设置目前指定装置寄存器（T、C、D）的现在数值，这条命令在梯形图监控模式或装置监控模式有效。

（10）寄存器编程（T、C、D）：对 PLC 内部的寄存器（T、C、D）进行读取、写入、打印、读档及存盘工作。

（11）装置状态编程（M、S）：对 PLC 内部的装置状态（M、S）进行 ON、OFF 设置、读档及存盘工作。

（12）强制锁住装置表：此功能可设置 X 与 Y 装置组件强制进入 ON 或 OFF 状态，并提供强制锁住装置表以显示组件状态总览，也可于表中进行设置变更。在进行设置 ON/OFF 操作前请先确认不会对设备造成影响。

（13）PLC 程序及内存清除：将目前联机中的 PLC 程序及内存清除或回归出厂值设置。

（14）文件寄存器编程：对 DVP-EP/EH 系列 PLC 主机提供的文件寄存器进行通信读取、写入、读档及存盘工作。可存成*.WFT 扩展名的文件形式。

（15）线上程式更新：若机种选择 DVP-EP/EH 系列 PLC 主机，则可执行在线更新（On-line Programming）功能（在线更新功能即 PLC 主机主处于 RUN 状态同时进行程序下载操作）。

（16）记忆卡通信：若机种选择 DVP-EH 系列 PLC 主机，且记忆卡 DVP256FM 安装于主机的记忆卡插槽上，则可作计算机（PC）、PLC 与记忆卡三者间的程序及批注的复制工作。

（17）通信侦测：依据设置（O）功能中的连接端口选项设置，侦测目前联机 PLC 的机型、传输速度波特率（Baud rate）及通信协议，PLC 正确联机至计算机（PC）会显示 PLC 的机型，波特率及通信协议、计算机（PC）COM 编号。

（18）PLC 状态信息：将目前联机中的 PLC 状态、容量大小、PLC 版本、机型、通信地址、语法检查以及密码状态结果表示出来。

7.3.8　设置菜单

设置（O）菜单如图 7-15 所示，提供以下命令：

通信设置功能包括：

（1）传输方式：选择装置的传输方式，有 RS-232、Ethernet、DirectLink（Ethernet）和 DirectLink（USB）。

（2）通信端口：WPLSoft 会自动侦测计算机（PC）可使用的通信端口，并由使用者选定欲使用任一个通信端口与 PLC 连接。

（3）通信站号地址：WPLSoft 初始设置为 1［即指定 PC 联机至通信地址（D1121）为 1 的 PLC 主机］，可设置范围 0~255。

（4）通信应达时间设置：指定计算机（PC）与 PLC 通信联机时，传输错误自动询问次数（1~50 次）与自动询问时间间隔（3~10s）。

图 7-15　设置（O）菜单

（5）PLC 机种设置：可指定程序标题、机型设置、程序容量（2000、4000、8000、16 000 STEPs）与文件名称等项目。

（6）程序设置：可设置子程序密码或程序识别码。

（7）编程设置：可以设置自动存储的时间间隔及编译过程中的提示。

（8）梯形图颜色及文字设置：WPLSoft 提供 16 色的调色盘供使用者根据喜好来定义梯形图形、梯形图形光标、监控状态、装置批注、区段批注、行批注和监控数值的显示颜色。支持 Windows 字形设置，并提供装置批注显示排列设置。另外，提供符号显示模式切换。

（9）调制解调器联机：DVP 系列 PLC 主机提供与调制解调器 MODEM 联机的功能。计算机（PC）端需先指定调制解调器 MODEM 安装的通信设置编号，WPLSoft 才能与远程的 DVP 系列 PLC 主机进行调制解调器拨号联机传输工作。

（10）万年历设置：当选择 DVP-SA/EH 系列 PLC 主机时，其可支持万年历 RTC 功能，使用者可自订或将计算机的年/月/日/时/分/秒/星期等数据写入 PLC 万年历内存内。

（11）永久备份设置：当选择 DVP-EH 系列 PLC 主机时，选取此功能后，可选择将 PLC 内部 SRAM 程序及 D 装置传到 PLC 内部 Flash ROM，或将 PLC 内部 Flash ROM 程序及 D 装置读回到 PLC 内部 SRAM。其中 EH2 机种之 D 装置范围为 D2000～D9999，并可提供在数据遗失时显示警示讯息；EH3 机种之 D 装置范围为 D2000～D11 999，不支持警示讯息。

（12）装置批注提示：选取此功能后，在指令模式或梯形图模式下，使用指令码方式编辑 PLC 程序时也会同时要求输入对应的装置批注。

（13）TC-01 密码钥匙设置：将 DU-01 设置器安装至 DVP-EH 系列 PLC 主机时，并将 DU-01 设置器切换至 TC-01 模式下，长按 ESC 键 3s，进入密码设置状态，可将密码保存至 DU-01 内或清除 DU-01 内保存的密码设置。

（14）语系设置：使用者可根据需求设置 WPLSof 的操作介面语言。

7.3.9　向导菜单

向导（I）菜单如图 7-16 所示，提供以下命令：

（1）程序范例产生器：可以进行设置 PID，高速计数器、高频脉冲波输出等。

（2）AIO 向导设置：对 AIO 向导精灵进行设置。

（3）温度监控：对需要温度监控的装置进行温度监控的设置。

（4）扩充模块监控：对所添加的模块进行监控设置。

图 7-16　向导（I）菜单

7.3.10　窗口菜单

窗口（W）菜单如图 7-17 所示，提供以下命令：

（1）窗口重叠：以重叠方式安排窗口。

（2）窗口水平并排：以水平方式排列窗口。

（3）窗口垂直并排：以垂直方式排列窗口。

（4）目前编程器开启窗口：指令模式、梯形图模式、SFC 编程、装置批注窗口、装置使用状况、视图寄存器、装置状态编辑、文件寄存器与装置监控。

图 7-17　窗口（W）菜单

7.3.11　帮助菜单

帮助（H）菜单如图 7-18 所示，提供以下命令：

（1）关于 WPLsoft：显示网址、WPLSoft 程序版本、序号与版权等相关信息窗口。

（2）辅助编程：提供 PLC 主机内 D1120（RS-485 通信端口的通信协议）MODBUS 通信协议（Protocol）数值换算、LRC 与 CRC 检查码产生器等运算功能、PLC 复制向导及图像保存及特殊指令向导。

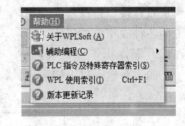

图 7-18　帮助（H）菜单

（3）PLC 指令及特殊寄存器索引：各系列 PLC 主机内部的特殊辅助继电器及特殊寄存器的定义说明文件。

（4）WPL 使用索引：WPLSoft 使用说明。

（5）版本更新记录：对于软件所做的更新及改进的记录。

7.4 梯形图编辑模式

7.4.1 梯形图编辑模式环境

进入 WPL 编程软件后可以开新文件或开启旧文件，选择进入梯形图模式的编辑环境，如图 7-19 所示。

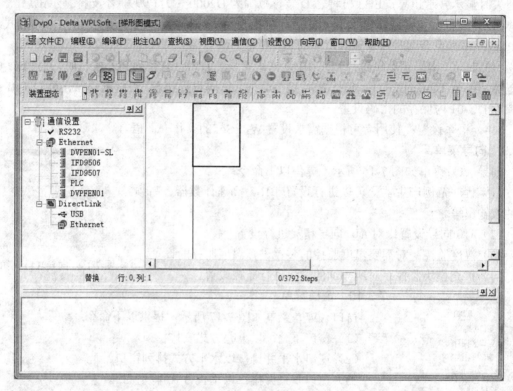

图 7-19 梯形图模式编辑环境

在梯形图模式窗口上侧会显示出梯形图工具栏图标，使用者在编辑梯形图时，可以直接将鼠标移动到梯形图工具栏的组件图标上点选，或是将编辑方块移动到梯形图工作窗口的适当位置直接以指令输入编辑，另外也可利用键盘功能键（F1~F12）作为输入方式。以下具体说明各种操作方式步骤。

7.4.2 基本操作

如果要输入以下梯形。鼠标操作及键盘功能键（F1~F12）操作过程如下：

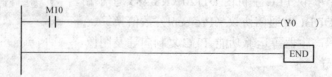

首先，建立新文件后鼠标点选动合接点图标 或按功能键 F1；出现如图 7-20 所示输入装置名称与批注对话框后便可选取装置名称（即 M）、装置编号（即 10）及输入批注（即 Aul Relay），完成后即可按下确定按钮。

点选输出线圈图标 或按功能键 F7，出现输入装置名称与批注对话框，如图 7-21 所示，选取装置名称（即 Y）、装置编号（即 0）及输入批注（即 OUTPUT RELAY），完成后即可按下确定按钮。

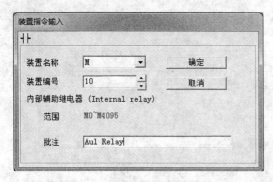

图 7-20　装置指令输入对话框

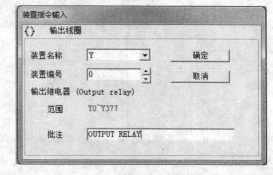

图 7-21　装置指令输入对话框

再点选应用命令图标 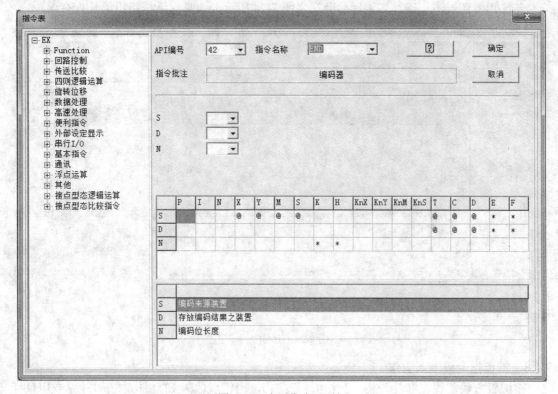 或按功能键 F6，出现图 7-22 的对话框，在功能分类字段中点选「所有应用命令」，在应用命令下拉选单中点选 END 指令或在该字段直接键盘键入 END 后按下确定按钮。

图 7-22　应用指令对话框

点选 图标，将编辑完成的梯形图作编译转换成指令程序，编译完成后母线左边会出现步级数（STEPs），如图 7-23 所示。

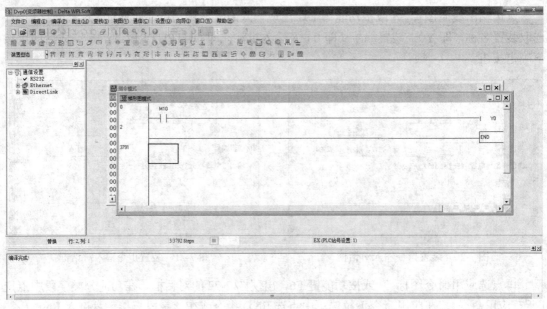

图 7-23　编译完成后母线左边会出现步级数

　　若梯形图图形不正确，则编译后会产生图 7-24 所示的信息对话框指出第几行有误。

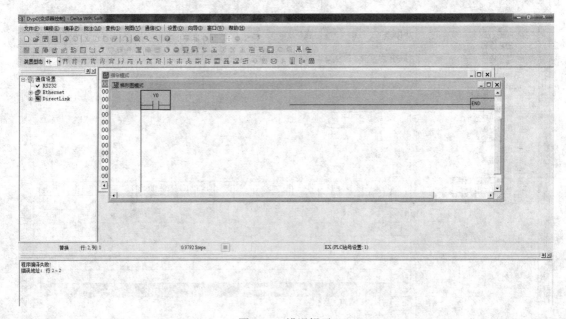

图 7-24　错误提示

7.4.3　键盘指令码输入操作

　　将编辑方块放置在文件开头（列：0，行：1），由键盘输入 LD M10 按下 Enter 或用鼠标点选确定按钮，如图 7-25 所示。

　　键盘输入 OUT Y0→按下 Enter、键盘输入 END→按下 Enter，最后点选 🔧 图标将编辑完成的梯形图作编译。要在键盘指令码输入操作时并同时输入装置的批注，可在设置（O）功能的下拉选单中选取装置批注提示，则指令正确输入后便会出现图 7-26 所示批注对话框窗口，此时便可继续输入对应的装置批注。

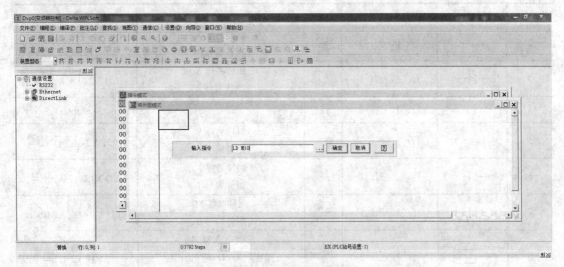

图 7-25　指令输入操作

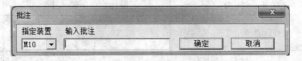

图 7-26　批注（M）对话框

7.4.4　梯形图编辑实例

　　若要输入图 7-27 所示的梯形图例，应按步骤将梯形图符号与逻辑关系在编辑对话框中绘出。表 7-2 给出了该梯形图编辑步骤。

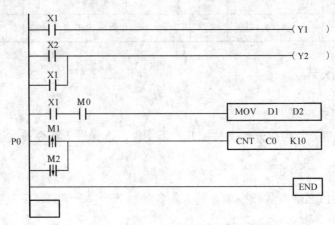

图 7-27　梯形图编辑实例

表 7-2　　　　　　　　　　　　　　　梯形图操作编辑步骤

步　骤	梯形符号	光标位置	鼠标点选功能键输入方式		键盘输入方式
1	─┤├─	行：0，列：1	F1	组件名称 X 组件编号 1	LD X1↵ 或 A X1↵

续表

步　骤	梯形符号	光标位置	鼠标点选功能键输入方式		键盘输入方式
2	─( )	行：0，列：2	[F7]	组件名称 Y 组件编号 1	
3	─┤├─	行：1，列：1	[F1]	组件名称 X 组件编号 2	LD X2↵ 或 A X2↵
4	│	行：1，列：2	[F9]		F9
5	─( )	行：1，列：2	[F7]	组件名称 Y 组件编号 2	OUT Y2↵ 或 O Y2↵
6	─┤├─	行：2，列：1	[F1]	组件名称 X 组件编号 1	LD X1↵ 或 A X1↵
7	─┤├─	行：3，列：1	[F1]	组件名称 M 组件编号 0	LD M0↵ 或 A M0↵
8	─□	行：3，列：2	[F6]	应用命令 MOV 操作数 1：D 组件值：1 操作数 2：D 组件值：2	MOV D1 D2↵
9		行：4，列：0		鼠标点 2 下输入 P0	P0↵
10	─┤↑├─	行：4，列：1	[F3]	组件名称 M 组件编号 1	LDP M1↵ 或 + M1↵
11	│	行：4，列：2	[F9]		F9
12	─□	行：4，列：2	[F6]	技术命令 CNT 操作数 1：C 组件值：0 操作数 2：K 组件值：100	CNT C0 K100↵
13	─┤↓├─	行：5，列：1	[F4]	组件名称 M 组件编号 1	LDF M1↵ 或 - M1↵
14	─□	行：6，列：1	[F6]	应用命令 END	END↵

7.5　指令编辑模式

7.5.1　指令编辑模式环境

执行 WPL 编程器后可以开新文件或开启旧文件，选择进入指令模式的编辑环境，如图 7-28 所示。

7.5.2　基本操作

下面将介绍 WPLSoft 有关指令编辑输入的各种技巧，包含清除、插入、区块拷贝和替换等功能。

1. 输入 PLC 指令

进入指令模式编辑后，如图 7-28 所示，直接键入 PLC 完整指令，若指令的格式合法，按下 Enter 键就完成输入。输入完成后的指令在编辑区中，左边为该指令在 PLC 主机的程序内存地址，使用者可以清楚地得到指令在程序内存的相对地址。各指令格式请参考第 4 章或随机使用手册。执行 WPLSoft 建立新的文件后再选取视图（V）功能点选指令窗口或鼠标点选▦图标。在编辑位置提示处开始输入程序。

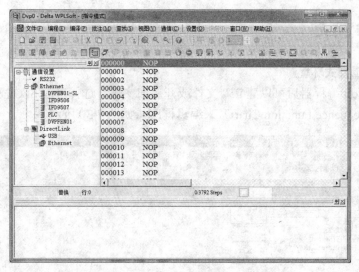

图 7-28　指令模式编辑环境

2. 输入操作实例

若要依下输入程序：

〈0000〉LD　X1

〈0001〉OR　M0

〈0002〉OUT　Y1

〈0003〉MOV　D1　D2

〈0008〉OUT　Y2

〈0009〉END

指令输入完成后经过编译即可转换成梯形图和 SFC 图形，梯形图将如图 7-29 所示。不论是在梯形图模式或指令模式或 SFC 编辑模式，当程序编辑或修改完毕后，要写入 PLC 主机前一定要先经过编译。

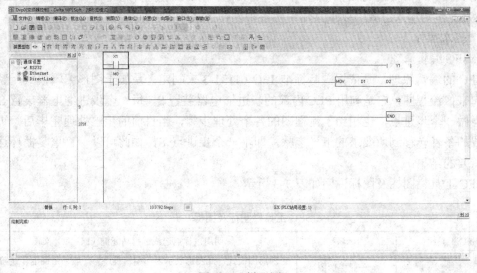

图 7-29　梯形图

7.6 SFC编辑模式

7.6.1 SFC 编辑模式环境

执行 WPLSoft 编程器后可以建立新文件或开启旧文件，选择进入 SFC 模式的编辑环境，使用 SFC 图（Sequence Function Chart）来编辑程序，如图 7-30 所示。

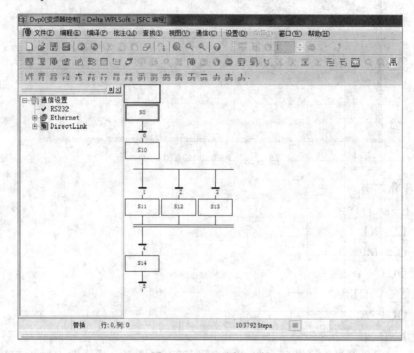

图 7-30　SFC 编辑环境

在 SFC 模式窗口上侧会显示出 SFC 工具栏图标，使用者编辑 SFC 图时，可以直接把鼠标移动到 SFC 工具栏的图标点选编辑，另外也可利用键盘功能键 {（F1~F9），〔Shift〕+（F1~F9）} 作为输入方式。以下具体说明各种操作方式步骤。

7.6.2 基本操作

1. SFC 编辑原理

SFC 的编辑原理，是依据国际标准 IEC 61131-3 来制定，是属于图形编辑模式，整个架构看起来像流程图，它是利用 PLC 内部的步进继电器装置 S，每一个步进继电器装置 S 的编号就当做一个步进点，也相当于流程图的各个处理步骤，当目前的步骤处理完毕后，再依据所设置的条件转移到所要求的下一步骤，即下一个步进点 S，如此可以一直重复循环达到使用者所要的结果。

SFC 工具栏图标及图标说明如表 7-3 所示。

表 7-3　　　　　　　　　　　　　　　SFC 工具栏图标及图标

SFC 工具栏	图标名称	说明用鼠标点选或键盘功能键（F1~F9）操作
LAD F1	一般梯形图	梯形图模式，此图形表示内部编辑程序为一般梯形图非步进阶梯的程序

SFC 工具栏	图标名称	说明用鼠标点选或键盘功能键（F1~F9）操作
F2	步进初始图形	步进初始点用图形，此种双框的图形代表是 SFC 的初始步进点用图形，可使用的装置范围 S0~S9
F3	一般步进图形	一般步进点用图形，其可使用的装置范围为 S10~S1023
F4	跳跃图形	步进点跳跃图形，使用在步进点状态转移到非相邻的步进点时使用。同流程间向上跳跃或向下非相邻的步进点跳跃或返回初始步进点或不同流程间的跳跃
F5	条件图形	步进点转移条件图形，各个步进点间状态转移的条件
F6	选择分支图形	选择分支图形，由同一步进点将状态以不同转移条件转移到相对应的步进点。若分支超出两点，使用者可使用〔Shift〕+（F1~F9）功能键操作来增加分支点
F7	选择汇合图形	选择汇合图形，由两个以上不同步进点将状态转移经转移条件转移到相同的步进点。若汇合超出两点，使用者可使用〔Shift〕+（F1~F9）功能键操作来增加分支点
F8	并进分支图形	并进分支图形，由同一步进点将状态以同一转移条件转移至两个以上的步进点。若分支超出两点，使用者可使用〔Shift〕+（F1~F9）功能键操作来增加分支点
F9	并进汇合图形	并进汇合图形，由两个以上不同步进点状态以同一转移条件转移到相同的步进点。若汇合超出两点，使用者可使用〔Shift〕+（F1~F9）功能键操作来增加分支点
SF1		并进分支用连接图形
SF2		并进用连接图形
SF3		并进汇合用连接图形
SF4		并进用连接图形
SF5	辅助线段	选择分支用连接图形
SF6		选择用连接图形
SF7		选择汇合用连接图形
SF8		选择用连接图形
SF9		垂直线连接图形

2. SFC 编辑环境

SFC 编辑环境可编辑范围为水平方向 16 个单位，垂直方向没有限制。每一个虚线长方格代表一个单位，所以水平方向最多可有 16 个 SFC 图形在同一水平线上，如图 7-31 所示。

3. SFC 编辑方式

（1）方式一：先将 SFC 程序架构图形全部都安排好后再进行个别图形内部梯形图模式设计。

步骤 1：按键盘功能键 F1 或鼠标点选 SFC 工具栏图标 进入 SFC 编辑模式后，可以看见 SFC 工具栏图标，一般来说，第一个出现的是梯形图图形模式，因为要导入 SFC 结构的初始步进点装置 S0~S9。正常的 PLC 程序设计是不会一开始就进入 SFC 的结构，所以第一个一般梯形图 LAD-0 的图形内部梯形图模式大多是用来进入 SFC 结构的前置程序。

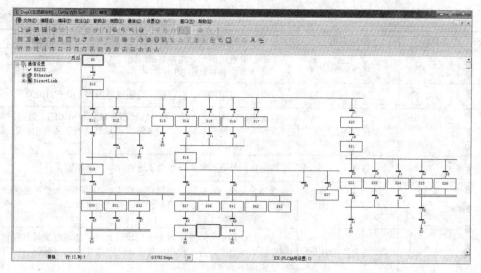

图 7-31　SFC 编辑环境

步骤 2：按键盘功能键 F2 或鼠标点选 SFC 工具栏图标 🔲 开始规划初始步进点图形选择，初始步进点 S0~S9 其中之一，也就是进入 SFC 结构的第一个步进状态点。初始步进点仅可使用 S0~S9，若使用其他编号的步进点来当成初始步进点使用，则在程序最后编译将出现 SFC 图形错误信息。若用梯形图模式或指令模式编辑的初始步进点非 S0~S9，则在程序最后编译将无法正确转换出 SFC 图形。

步骤 3：按键盘功能键 F5 或鼠标点选 SFC 工具栏图标 🔲 可以在不同步进点图形之间转移条件图形，这样才能让程序执行时各个步进点之间依转移条件将状态转移到其他的步进点，步进点图形内部梯形图模式是写执行到此步进点所要执行的程序，转移条件图形内部梯形图模式是写步进点之间状态转移的条件。如果转移条件图形内部梯形图模式中所写的状态转移到某一步进点与外部 SFC 图形所画的转移步进点不同时，在程序整体编译后会以外部 SFC 图形所画图形为准。

步骤 4：SFC 图形编辑时，以最左边单位为基准，按照由上而下、由左而右的顺序往下边单位及右边单位编辑。按下鼠标右键弹出快捷菜单可选择内部梯形图模式编辑。每一个图形内部尚未编辑程序前，使用者可编辑内部梯形图模式。

步骤 5：SFC 图形编辑时，按下键盘功能键 F3 或鼠标点选 SFC 工具栏图标 🔲 可对向下相邻的步进点进行一般步进点图形连接。若是向上跳跃或向下非相邻的步进点跳跃或返回初始步进点或不同流程间的跳跃不相邻的步进点就要使用跳跃图形，方法是按下键盘功能键 F4 或鼠标点选 SFC 工具栏图标 🔲。一般步进点图形与初始步进点图形每个装置编号只可在 SFC 图形编辑时出现一次。

（2）方式二：可将个别 SFC 图形及其内部梯形图模式一起完成后再逐一将全部 SFC 图形安排好。

步骤 1：开始编辑时，先选择梯形图形模式用来进入 SFC 结构的前置程序，按下键盘功能键 F1 或鼠标点选 SFC 工具栏图标 🔲 即可，位置一定要在最左边的编辑单位内，其中在 SFC 编辑窗口中 LAD-0，编号将依使用者选取 🔲 的次数而自动递增，若编辑方块位置不正确，会出现输入位置错误信息，如图 7-32 所示。

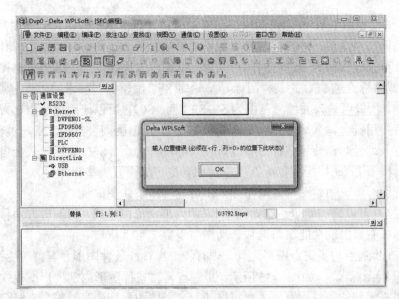

图 7-32 输入位置错误提示

步骤 2：将梯形图形 LAD-0 先定位后，一开始 LAD-0 图形内部没有程序，接着要输入梯形图形的内部梯形图模式。将编辑方块移到梯形图形处，鼠标按右键出现快捷功能窗口选项后点取内部梯形图模式。

步骤 3：点取内部梯形图模式后，WPLSoft 在编辑区会再开启一个一般梯形图状态的编辑区域窗口，在此窗口中依照梯形图程序编辑方式输入下面指令：

LD   M1002

SET   S0

内部梯形图模式编辑如图 7-33 所示。

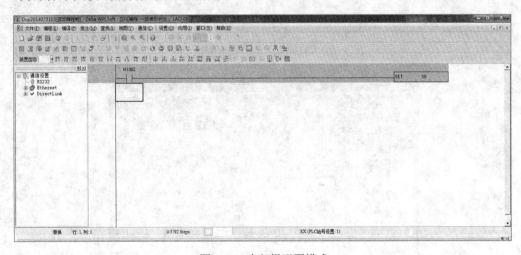

图 7-33 内部梯形图模式

步骤 4：编辑完毕后，点选该窗口的关闭按钮，将此内部梯形图模式关闭，刚才编辑的程序就已经存在于 LAD-0 图形的内部。这时可以再按下鼠标右键将内部梯形图模式开启，可以看到先前编辑的内部梯形图或是内部指令已经在里面。

步骤 5：若要修改 LAD-0 图形的内部梯形图模式只需将编辑方块移到该图形处上，鼠标按右键出现功能窗口选项，选择内部梯形图模式编辑即可。动作与步骤 2、3 相同。

步骤 6：再来规划初始步进点的图形编辑，将编辑方块往下一个编辑单位移动，按下键盘功能键 F2 或鼠标点选 SFC 工具栏图标 ，这时 SFC 编辑窗口要求输入步进点编号，因为是初始步进点，所以可输入的编号范围为 S0~S9（例：S0），可以使用鼠标点选方块右侧上下键，也可以直接用键盘输入编号，若输入编号不在 0~9 范围则会出现"S 超过范围"，如图 7-34 所示。输入编号时，装置名称 S 有没有输入都没有关系，SFC 编辑模式会自动加入。输入编号完成后按下 Enter 按钮或鼠标双击左键或者是将编辑方块移开即可。

一般梯形图与步进初始图形之间不须要步进点转移条件图形。

步骤 7：接着可以写初始步进初始图形 S0 的内部梯形图模式，将编辑方块移到步进初始图形处，鼠标按右键出现功能窗口选项。动作与步骤 2、3 相同。

步骤 8：在步进点与步进点图形之间，须有步进点转移条件图形，键盘功能键 F5 或鼠标点选 SFC 工具栏图标 ，如图 7-35 所示。步进点转移条件图形内部梯形图模式编辑与步骤 2、3 相同，可将转移的条件回路写入，每增加一个条件图形均会有其编号，SFC 图程序架构的条件图形编号设计优先级原则是先由上而下，再由左而右。

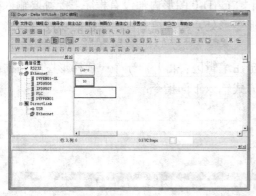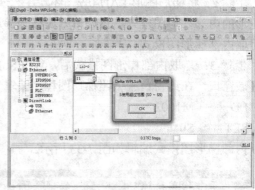

图 7-34　步进点的图形编辑

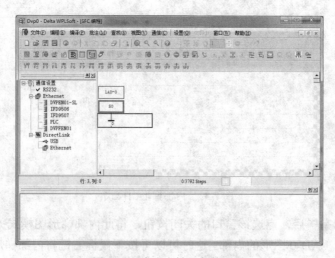

图 7-35　步进点转移条件图形

步骤 9：再来设计连接的一般步进点，若没有分歧则将向下相邻的步进点可按键盘功能键 F3 或鼠标点选 SFC 工具栏图标 ⬛ 用一般步进点图形连接，若有分支则按照是选择分支由选择分支图形（键盘功能键 F6 或鼠标点选 SFC 工具栏图标 ⬛ ）连接或并进分支由并进分支图形（键盘功能键 F8 或鼠标点选 SFC 工具栏图标 ⬛ ）连接。接着可以写入各个步进点图形的内部梯形图模式，将编辑方块移到初始步进点图形处，鼠标按右键出现功能窗口选项，如图 7-36 所示。动作与步骤 2、3 相同。

步骤 10：若分支超出两点，使用者可使用 Shift+（F1~F9）功能键操作来增加分支点。并进分支用连接图形 ⬛ ，并进用连接图形 ⬛ ，并进用连接图形 ⬛ ，选择分支用连接图形 ⬛ ，选择用连接图形 ⬛ ，选择用连接图形 ⬛ 。

步骤 11：在出现分支之后须将步进点汇合，有选择汇合及并进汇合两种，选择汇合图形（键盘功能键 F7 按键或鼠标点选 SFC 工具栏图标 ⬛ ），并进汇合图形（键盘功能键 F9 或鼠标点选 SFC 工具栏图标 ⬛ ），如图 7-37 所示。接着可以写入各个步进点图形的内部梯形图模式，将编辑方块移到初始步进点图形处，鼠标按右键出现功能窗口选项，其动作与步骤 2、3 相同。

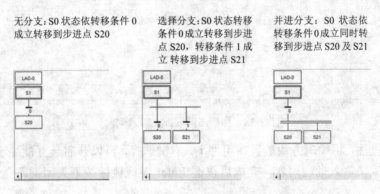

图 7-36　连接的一般步进点

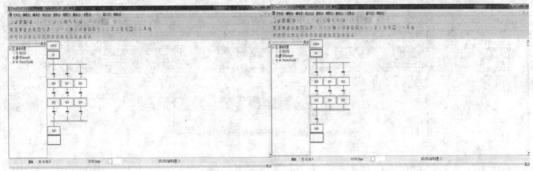

图 7-37　步进点汇合

步骤 12：若汇合超出两点，使用者可使用 Shift+（F1~F9）功能键操作来增加汇合点。并进用连接图形 ⬛ ，并进汇合用连接图形 ⬛ ，并进用连接图形 ⬛ ，选择用连接图形 ⬛ ，选择汇合用连接图形 ⬛ ，选择用连接图形 ⬛ 。

7.7 批注编辑

7.7.1 梯形图编辑模式

在梯形图编辑模式批注编辑包含装置批注、行批注及区段批注三种。将编辑方块放置在首行，右键选择区段批注输入，可以开启区段批注输入的对话窗，在此对话窗可编辑输入批注内容，完成后按下 Enter 键或鼠标按下关闭键即会记录保存，如图 7-38 所示。

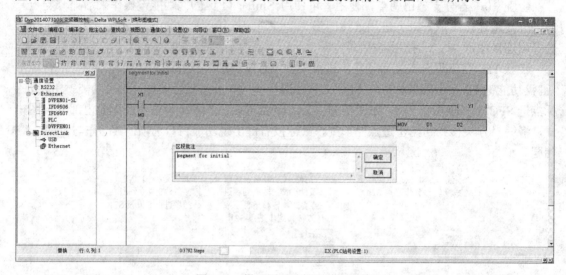

图 7-38　梯形图区段批注输入编辑

编辑装置批注，将编辑方块放置在组件上，右键选择，可以开启装置批注输入的对话窗，在此对话窗可编辑输入批注内容，完成后按下 Enter 键或鼠标按下关闭键即会记录保存，如图 7-39 所示。

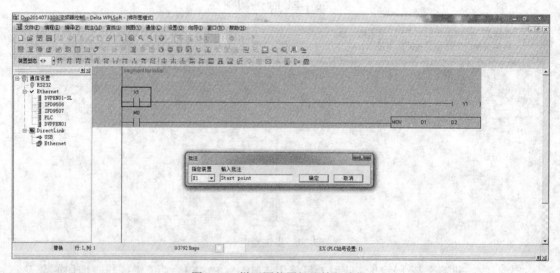

图 7-39　梯形图装置批注输入编辑

编辑行批注，将编辑方块放置在某一行上，右键选择，可以开启行批注输入的对话窗，在此对话窗可编辑输入批注内容，完成后按下 Enter 键或鼠标按下关闭键即会记录保存，如图 7-40 所示。

图 7-40　梯形图行批注输入编辑

7.7.2　SFC 编辑模式

在 SFC 编辑模式下，批注编辑仅有装置批注，如图 7-41 所示。

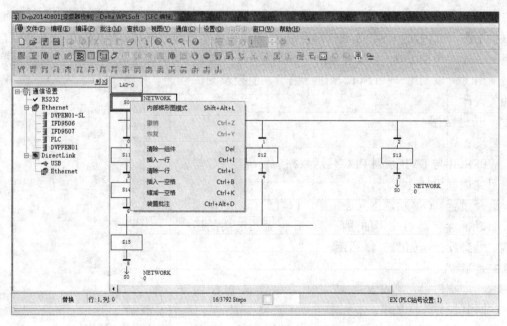

图 7-41　SFC 编辑模式下的装置批注编辑

7.7.3　指令编辑模式

在指令编辑模式，批注编辑仅有装置批注，如图 7-42 所示。

图 7-42　指令编辑模式下的装置批注编辑

7.8　通信联机模式

在进行通信联机操作前先确定个人计算机的 COM 端口与 PLC 通信端口已正确完成硬件上联机工作，即 PC 的 RS-232 通信口及 PLC 通信口之间已建立联机。WPLSoft 在通信功能上提供更多样的操控工具（如装置监控、寄存器列表传输、调制解调器拨号联机、速度设置等），方便使用者可以利用 WPLSoft 来进行编辑、监控及测试等相关设计工作。

7.8.1　传送数据

1. 设置连接端口

WPLSoft 与 DVP 系列 PLC 传送数据前需确定 PC 与 PLC 已完成联机。

选择设置（O）功能进入连接端口内容选择，通信端口设置功能会侦测可使用的通信端口并将无法选用的通信端口编号反白，如图 7-43 所示。

2. 读取 PLC

若通信端口已正确设置完成，使用者要读取 PLC 内部程序时其操作步骤如下：

选择通信（C）功能点选 PC〈=〉（PLC｜HPP）、鼠标点选图标工具栏上的 。

出现通信对话窗口后，通信模式选择读取 PLC，如图 7-45（a）所示。按下确定按钮即可读取 PLC 主机内部程序数据。

图 7-43　通信设置对话框

若 PLC 主机内已设置密码保护，按下确定按钮后会出现密码检查窗口，输入正确密码内容，此密码并不会解开 PLC 内部密码，仅允许读取一次 PLC 程序。若密码输入错误会显示密码比对错误。输入正确密码后按下确定按钮即可读取 PLC 主机内部程序数据，如图 7-44 所示。

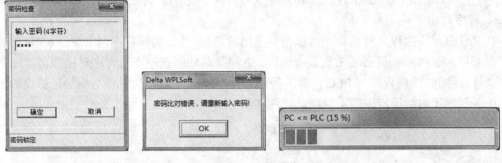

图 7-44   密码检查

3. 写入 PLC

使用者执行 WPLSoft 从指定的磁盘路径读取一项目或由梯形图编辑、指令编辑设计一个新的 PLC 程序，要传送至 DVP-PLC 主机时，选择通信（C）功能点选 PC〈=〉（PLC｜HPP），或鼠标点选图标工具栏上的 昮 。

出现通信对话窗口后，通信模式选择 PC＝〉PLC，按下确定按钮即可将程序写入 PLC 主机内部程序区，如图 7-45（b）所示。

若 PLC 主机内已设置密码保护，按下确定按钮后会出现密码检查窗口，输入正确密码内容，此密码并不会解开 PLC 内部密码，仅允许写入一次 PLC 程序。若密码输入错误会显示密码比对错误。输入正确密码后按下确定钮即可将程序写入 PLC 主机内部程序区，如图 7-44 所示。

部分写入方式时，WPLSoft 会自动产生程序传送起始/结束 STEPs 值或由使用者自行设置欲传送的程序区内存的起始及结束地址，将此部分程序写入 DVP-PLC 主机。

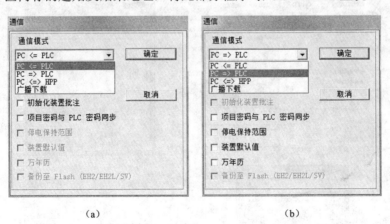

（a）   （b）

图 7-45   通信对话框

4. HPP 与 PC 通信

在 PC 与 HPP 的通信中，PC 这一边是属于被动（Slaver），控制权以 HPP 为主动（Master），先将 HPP 与 PC 联机，进入此功能后，此时再接上 HPP 电源，HPP 进入〈HPP→PC〉联机模式，使用者可利用 HPP 的主选单功能对 PC 作读/写（READ/WRITE）的功能。

WPLSoft 读取 HPP 程序时，操作流程同建立新文件，需设置联机的机型与程序容量。

新建文件完成后或 WPLSoft 欲将目前编辑的程序传送至 HPP，选择通信（C）功能点选 PC〈=〉(PLC｜HPP)，工作方式点取 HPP〈=〉PC，之后，再由 HPP 端进行传输操作。

7.8.2 程序对比

在文件菜单下的程序对比命令可以帮助使用者进行 PLC 内部程序与 WPLSoft 目前编辑程序做验证。在 PLC 主机必须未设置密码时，选择菜单功能直接点选程序对比即可验证 PLC 程序。若目前 PC 编辑程序与 PLC 内存的程序不同，则 WPLSoft 会发出数据验证错误的警告信息，若程序比对结果相同则不反应，如图 7-46 所示。

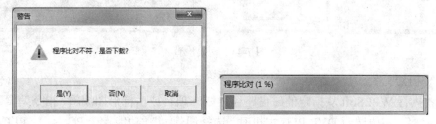

图 7-46　程序验证对话框

7.8.3 密码功能

使用此命令可打开密码检查窗口，可设置或解开 PLC 的防读写保护密码。

选择通信（C）功能中的系统安全设置点选密码功能，分别在输入密码与密码再次确定字段键入自定密码后按下确定按钮，密码检查对话窗口的状态栏会显示 PLC 密码锁定，如图 7-47 所示。

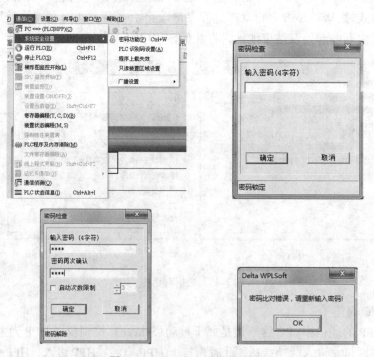

图 7-47　PLC 密码锁定设置过程

ES/EX/SS 机型若使用者忘记密码时可输入 4 个空格键，此时 WPLSoft 会出现信息清除程序确定，若选择"是"则 PLC 内部程序将会被清除，PLC 的防读写保护密码解除，如图 7-48 所示。

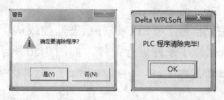

图 7-48　PLC 密码解除过程

7.8.4　执行/停止 PLC

执行 PLC：选取通信（C）功能点选执行 PLC，或键入复合键 Ctrl+F8，或鼠标点选图标 ，进入确认对话框，按是（Y）按钮 PLC 主机进入执行（RUN）状态。

停止 PLC：选取通信（C）功能点选停止 PLC，或键入复合键 Ctrl+F7，或鼠标点选 图标，进入确认对话框，按是（Y）按钮 PLC 主机即进入停止状态。

7.8.5　梯形图监控

使用此命令可将梯形图编辑模式切换到梯形图监控模式。在监控模式中，禁止任何的编辑动作。程序的各种执行状况可由窗口上显示来观察，通常梯形图监控对于程序的除错与运作结果有相当大的益处。

使用者要在 PC 窗口上监控 PLC 状态的话，首先须将梯形图窗口呈现在 PC 上，再选取通信（C）功能点选梯形图监控开始，或鼠标点选 图标。

开始监控后窗口中显示绿色方框的部分表示该装置接点处于导通状态或输出线圈正处于激磁状态。反之，若接点或输出线圈位置上没有显示绿色方框，则表示该装置组件目前没有动作。另外，在寄存器组件（T、C、D）上方会显示目前寄存器内的现在数值，如图 7-49 所示。

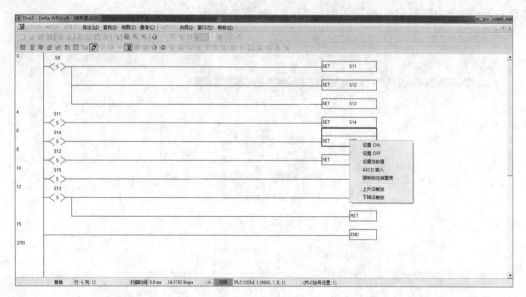

图 7-49　梯形图监控

7.8.6 SFC 监控

使用此命令可将 SFC 编辑模式切换到 SFC 图监控模式。在监控模式中，禁止任何的编辑动作。程序的各种执行状况可由窗口上显示来观察，SFC 图监控模式上监控可以知道目前所执行到的状态在那里。

使用者按下一般工具栏按钮 ▣ 可对 SFC 进行状态监控或从功能栏上选取通信（C）后点选 SFC 监控选项。就可以依据程序条件进行监控，如图 7-50 所示。

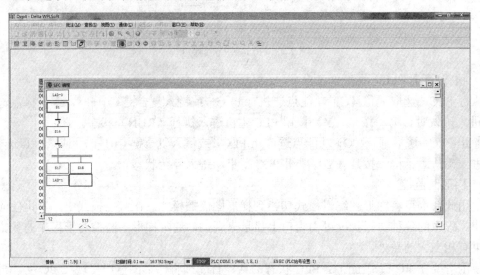

图 7-50　SFC 监控

7.8.7 装置监控

装置监控窗口可同时监控单一或多个不同装置组件的状态及数值。若使用者想在 PC 窗口上看到单一个或多个组件的状态，可利用下述的步骤方法来操作：

选择功能栏中通信（C）功能，点选装置监控。在装置名称处以鼠标处双击左键或按下键盘 Enter 键会出现装置监控输入对话窗口，如图 7-51 所示。

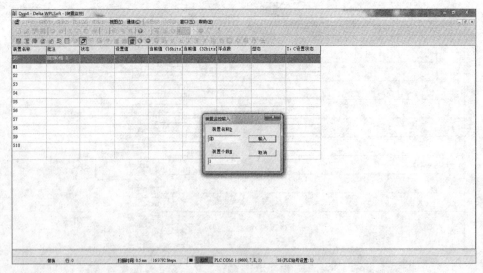

图 7-51　装置监控输入对话框

在装置监控输入对话窗口输入装置名称和装置个数后按下输入键。若使用者想要在窗口上监视其他的装置组件的话，只要重复步骤 2 和 3 即可。在装置监控窗口按鼠标右键可呼叫快捷由使用者自订选取欲查看的显示项目。

7.8.8　改变当前值

此功能在梯形图监控和装置监控模式下有效，使用此命令可开启改变当前值的窗口，如图 7-52 所示，在此窗口可以针对所要修改的装置（D、T、C、E、F）进行多种数值型态的输入修改。

选取功能栏上通信（C）功能后点选改变当前值。在梯形图监控或装置监控模式开始后可使用。

若装置为 C235 是 32 位装置则须选用 32 bits，若装置为 D0 是 16 位装置则须选用 16 bits，若 D0 是 16 bit 组件选用 32 bits 则表示将 D1 包含进来使用组成 32 位的数据寄存器，D1 表上 16 位（高字节）数据，D0 表下 16 位（低字节）数据。

数据寄存器的当前值可选择以十进制、十六进制、浮点数及二进制方式输入，输入若为十进制数值则数字前须加入"K"（例如：K100），若为十六进制数值则数字前须加入"H"（例如：H100），若为浮点数数值则数字前须加入"F"（例如：F12.34），若为二进制数值则数字前须加"B"（例如：B110 101）。

在设置当前值对话窗口中，会将曾经输入的命令历史记录下来，使用者可以在历史记录区直接二次点击欲重复输入的操作命令。

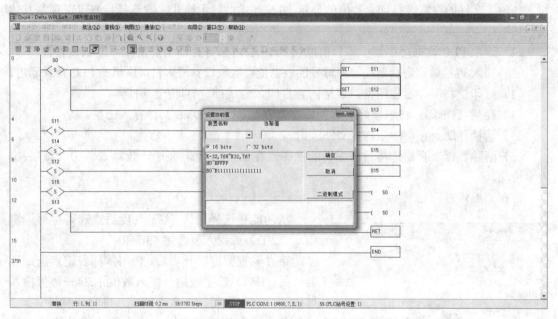

图 7-52　设置当前值对话框

7.8.9　寄存器编辑

WPLSoft 提供对 PLC 内部的 T、C、D 寄存器进行编辑、通信读取、写入、文件存取与打印等功能，如图 7-53 所示。

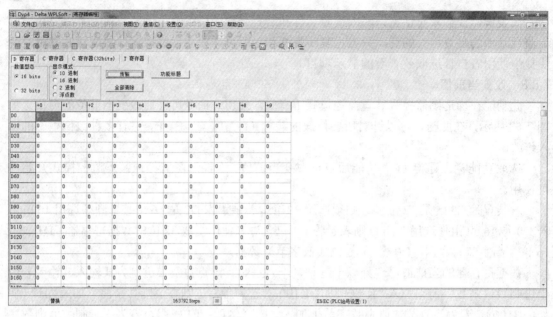

图 7-53　寄存视图器窗口

在寄存视图器窗口中,针对寄存器编辑可由使用者指定包括数据寄存器 D(不包含特 D)、计数器 C（含高速计数器）、定时器等寄存器装置，对以上各寄存器的当前值进行通信读取/写入传输、文件的存取及打印。数值的显示/输入方式由显示模式字段选择。编辑寄存器具体功能如下：

（1）读取 PLC 数据寄存器：将目前联机的 PLC 内部寄存器当前值依照区域设置读出。

（2）写入 PLC 数据寄存器：将编辑好的数据依照区域设置写入目前联机的 PLC 寄存器内。

（3）打印：将寄存器视图窗口表格内容打印，分成部分打印/全部打印。

（4）存盘（Disk）：将编辑好的数据寄存器存盘，以 ∗.DVL 文件存入磁盘。

（5）读档（Disk）：将 ∗.DVL 文件读出。

（6）清除数据寄存器：将目前编辑的视图寄存器（D、C、高速计数器 C、T）窗口表格内容清除。

寄存器编辑过程如下：

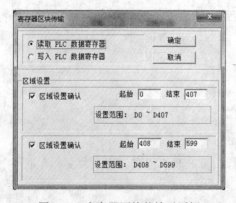

图 7-54　寄存器区块传输对话框

从功能栏选择通信（C）功能后点选寄存器编辑（T、C、D）或键入复合键 Ctrl+R。

寄存器视图窗口开启后，使用鼠标左键点选寄存器（例：D41）的字段用→键入数值 1234→数值输入可依选项有十进制、十六进制、二进制三种模式。

各个寄存器数值设置完成点选执行传输按钮后可将数值写入指定的 PLC 寄存器内。

选择读取或写入 PLC 数据寄存器，可设置读写区域范围，如图 7-54 所示。

选择写入 PLC 数据寄存器前，先确定写入后不会对正在运行的 PLC 控制产生不良的影响。

7.8.10　装置状态编辑

WPLSoft 提供对 PLC 内部的 M、S BIT 装置进行设置编辑、通信读取、写入、文件存取与打印等功能。装置状态编辑窗口有下列功能：

（1）读取 PLC 内部 M、S bit 装置：将目前联机的 PLC 内部 M、S bit 装置状态读出。

（2）写入 PLC 内部 M、S bit 装置：将编辑好的 M、S bit 装置状态写入目前联机的 PLC。

（3）打印：将装置状态编辑窗口表格内容打印，分成部分打印/全部打印。

（4）存盘（Disk）：将编辑好的 M、S bit 装置状态存盘，以 ＊.DVB 文件存入磁盘。

（5）读档（Disk）：将 ＊.DVB 档案读出。

（6）区块设置：编辑的 M、S bit 装置状态窗口表格可以鼠标选取区块做 ON/OFF 设置。

装置状态编辑过程如下：

在装置状态编辑窗口中，针对 M、S bit 装置，进行通信读取/写入传输、文件的存取和打印。

从功能栏选择通信（C）功能后点选装置状态编辑（M、S）。

装置状态编辑窗口开启后，使用鼠标直接双击或按鼠标右键即可做 ON/OFF 设置，如图 7-55 所示。

图 7-55　装置状态编辑窗口

各个装置状态编辑完成点选"装置线上设置"进行通信写入传输，点选"装置线上读取"进行通信读取传输，如图 7-56 所示。写入前请先确定写入后不会对正在运行的 PLC 控制产生不良的影响。

图 7-56　装置状态设置预读取

7.8.11 PLC 程序内存设置

WPLSoft 提供 PLC 程序内存设置功能，包含 PLC 程序内存清除功能与回归出厂值设置两个选项，仅在 PLC 上电的状态下有效，使用过程如下：

从功能栏选择通信（C）功能后点选 PLC 程序和内存清除。

选择程序内存清除，此时 PLC 内部程序内存区将被清除，如图 7-57（a）所示。会出现再确认对话框，按下是（Y）键确认即可清除 PLC 主机内程序，如图 7-57（b）所示。

（a）

（b）

图 7-57 装置状态设置预读取

图 7-58 通信侦测

选择回归出厂值设置，此时 PLC 内部程序区及所有相关资料包含万年历都将回归出厂值，会出现再确认对话框，按下是（Y）键确认即可清除 PLC 主机内程序。设置完成，须将 PLC 重新上电。

7.8.12 PLC 通信侦测

WPLSoft 编辑软件可对联机主机作通信侦测，点选设置（O）菜单中通信设置（C）命令点选自动侦测，如图 7-58 所示。侦测结果如图 7-59 所示。

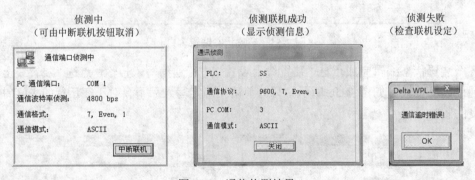

图 7-59 通信侦测结果

7.8.13 PLC 状态信息

WPLSoft 编辑软件提供侦测 PLC 状态信息功能。

从功能栏选择通信（C）功能后点选 PLC 状态信息。

若 PC 与 PLC 通信联机正常，执行 PLC 状态信息会提供 PLC 状态、容量大小、PLC 版本、机型名称、通信地址、语法检查，检查错误的地址和 PLC 密码状态等项目信息，如图 7-60 所示。

7.9　设置功能介绍

7.9.1　通信设置

点选设置（O）菜单中通信设置（C）命令出现如图 7-61 所示的对话框。其内容如下：

图 7-60　PLC 状态信息

图 7-61　通信设置对话框

（1）传输方式：选择装置的传输方式，有 RS-232、Ethernet、DirectLink（Ethernet）和 DirectLink（USB）。

（2）通信端口：WPLSoft 会自动侦测计算机（PC）可使用的通信端口，并由使用者选定欲使用任一个通信端口与 PLC 连接。

（3）通信站号：WPLSoft 初始设置为 1［即指定 PC 联机至通信地址（D1121）为 1 的 PLC 主机］，可设置范围 0~255。可利用快速键，键盘输入复合键 Shift+Ctrl+F8。

（4）通信应答时间：指定计算机（PC）与 PLC 通信联机时，传输错误自动询问次数与自动询问时间间隔。

7.9.2　自动保存设置

指定编辑中的程序自动产生暂存备份档，备份档在 UserTemp 文件匣内，可选择在编译前自动保存或依指定的时间（5~60min）间隔保存。

方法是在设置（O）菜单中选择编辑设置（A）中的自动保存设置命令，如图 7-62 所示。

7.9.3　梯形图颜色及文字设置

WPLSoft 提供 16 色的调色盘供使用者根据喜好来定义梯形图形、梯形图形光标、监控状态、装置批注、区段批注、输出批注和监控数值的显示颜色。支持 Windows 字形设置。并提供装置批注、行批注显示的排列设置。另外，提供符号显示模式切换。方法是在设置（O）菜单中选择梯形图颜色及文字设置（F）命令，如图 7-63 所示。

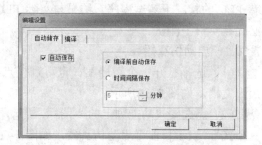

图 7-62　自动保存设置对话框

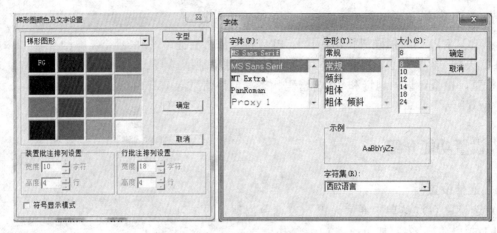

图 7-63　梯形图颜色及文字设置对话框

符号显示模式切换：

方法一：设置（O）菜单中梯形图颜色及文字设置（F）命令，勾选符号显示模式切换。

方法二：鼠标点选图标工具栏上的 🖼 。

7.9.4　装置批注提示

选取此功能后，在指令模式或梯形图模式下，使用指令码方式编辑 PLC 程序时，确定后会同时要求输入对应的装置批注。方法是在设置（O）菜单中选择装置批注提示（E）命令，如图 7-64 所示。

图 7-64　批注提示对话框

7.10　仿真功能介绍

仿真器可以在不连接 PLC 通信端口的情况下对程序进行侦错和仿真，但仅供使用者在没有 PLC 的状况下测试程序，结果与实际 PLC 执行结果并不全然相同，程序要实际上机前务必先在实机上测试。

7.10.1　启动仿真器

（1）选择打开一个新档案（也可直接点击图标功能栏上的🗋建立一个新的档案），或开启旧文档，如图 7-65 所示。

（2）点选图式功能列上的📄图标，启动仿真器，启动后 WPLSoft 下方的状态列出现"仿真模式"，表示目前已启动仿真器，如图 7-66 所示。

（3）启动仿真器之后不必选择通信接口即可进行监控、上下载程序等通信功能，操作方式与实际连接 PLC 相同。

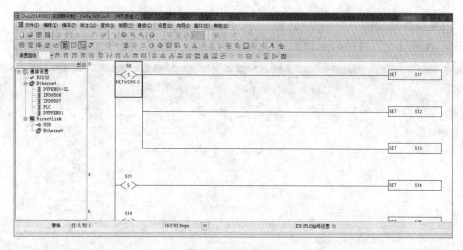

图 7-65　开启文档

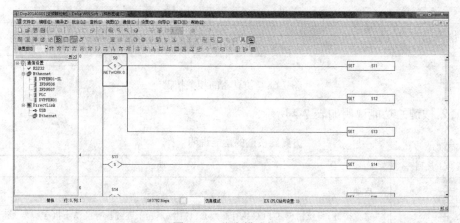

图 7-66　仿真模式界面

（4）点选图标功能列上的 图标，进入侦错模式，下方有信息区与侦错模式装置监控，如图 7-67 所示。

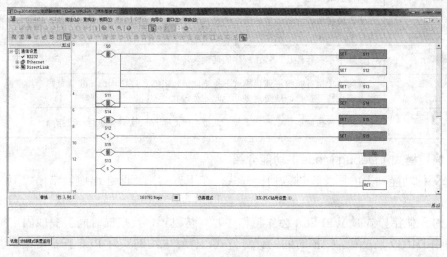

图 7-67　仿真器的侦错模式

7.10.2 仿真器按键功能介绍

启动仿真器后，仿真器相关按键如图 7-68 所示。

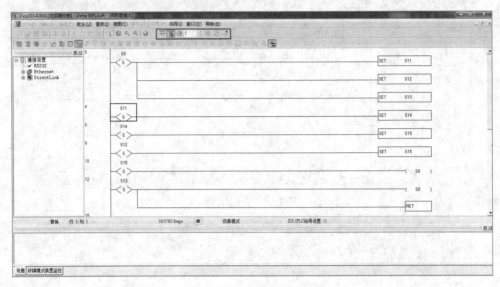

图 7-68　仿真器的相关按键

仿真器按键的功能说明如表 7-4 所示。

表 7-4　　　　　　　　　　　　　　仿真器按键的功能说明

仿真器工具列	说　明
	启动仿真器
	重置按键：将侦错模式 PLC 执行圈数 D1171 恢复为 1，连续执行及单步执行所要执行的指令位置 D1170 恢复为 0，监控数值恢复为 0，状态变为 OFF
	进入侦错模式按键：按下此按键可使用侦错模式进行 PLC 执行，单步执行及连续执行来检查 PLC 程序是否有误
	执行次数按键
1 ▲▼	侦错模式执行次数设置：侦错模式 PLC 执行，可执行程序并可设置执行次数，功能和设置执行 PLC run 一样，但是执行完指定的次数后便会停止
	连续单步执行停止：停止程序的连续单步执行
	连续单步执行按键：侦错模式下按下此键，PLC 程序可连续单步执行每个指令，一直到使用者停止程序执行，或是遇到断点时才会停止
	单步执行按键：侦错模式下按下此键，PLC 程序一次只会执行一个指令

7.10.3 侦错模式（Debug Mode）功能介绍

点选图标功能列上的图标，进入侦错模式，在下方的讯息区会出现侦错模式下的装置监控模式。

（1）进入侦错模式时 WPLSoft 会先将程序写入仿真器，且扫描时间会变成固定扫描时间 100ms 可由 D1039 来设置。扫描时间的计算方式：计算大约的实际 PLC 扫描时间。进入侦错模式后在梯形图模式窗口，指令模式窗口下可以设置断点（Break Point），程序中可设置定多个断点，当按下连续单步执行按键时，可以使程序执行到断点停止。

（2）在梯形图模式窗口，点鼠标右键可对目前游标停留处的指令设置断点，被设置断点后指令左边会出现一个红色圆点。

（3）在指令模式窗口，点鼠标右键可对当前的指令进行断点的设点，被设置断点后指令会显示红色。

（4）进入侦错模式后 **WPLSoft** 软件下方除原有的讯息窗口外，还会有侦错模式装置监控窗口，可监控装置的状态及数值，也可在监控窗口装置强制 **ON/OFF** 或设置当前值。

注意事项：

（1）时器与计数器的执行时间会依使用者计算机执行效率不同而有所不同。定时器处理方式与 ES/SA 系列 PLC 的动作相同。

（2）不支持指令：WDT，REF，REFF，MTR，DHSCS，DHSCR，DHSZ，SPD，PLSY，PWM，PLSR，IST，TKY，HKY，DSW，SEGL，ARWS，ASC，FROM，TO，RS，PRUN，VRRD，VRSC，ABS，PID，MODRD，MODWR，FWD，REV，STOP，RDST，RSTEF，SWRD，DELAY，GPWM，FTC，CVM，MEMR，MEMW，MODRW，PWD，RTMU，RTMD，RAND，DABSR，ZRN，PLSV，DRVI，DRVA，DPPMR，DPPMA，DCIMR，DCIMA，DPTPO，HST，DCLLM。

第 **8** 章 CHAPTER 8

PLC 的综合应用实例

台达 ES/EX/SS 系列 PLC 应用技术（第二版）

编程是可编程控制器控制系统设计中最重要的环节。根据具体控制要求编写程序，使程序运行后能够满足工程控制上的需要。编程时应遵循以下基本原则。

（1）程序要符合 PLC 的技术要求。

所谓符合 PLC 的技术要求，是指对指令的准确理解、正确使用。同时也要考虑程序指令的条数与内存的容量；所用的输入/输出点数要在 PLC 的 I/O 点数以内等。

（2）程序尽量简短。

这样可以节省内存、简化调试，而且还可以减少程序执行的时间响应速度。要程序简短，就应注意编程方法、用好指令。

（3）程序尽量清晰。

这样既便于程序的调试、修改或补充，也便于他人理解。要程序清晰，就应注意程序的层次，讲究程序的模块化、标准化。

可编程控制器的编程可按以下步骤进行。

（1）分析控制要求和过程。

深入了解和分析被控对象（如机械设备、生产线、生产过程及现场环境等）的条件和控制要求。明确输入/输出物理量的性质，明确控制过程的各个状态及其特点。

（2）确定控制方案。

在分析控制对象和控制过程的基础上，根据可编程控制器的特点确定最佳控制方案。

（3）确定装置分配与编号。

根据被控对象对可编程控制器控制系统的要求，确定输入信号（如按钮、行程开关、转换开关等）和输出信号（如接触器、电磁阀、指示灯等），并分配可编程控制器的输入/输出端子，进行编号。然后，确定使用的内部装置，如定时器、计数器及内部寄存器等，应注意是否有特殊要求，如需要停电保持、32 位数据处理及特殊内部装置的应用等。

（4）编写应用程序。

根据控制方案，结合自己或别人的经验应用 PLC 提供的指令进行程序设计。对于较复杂的控制系统，还要根据具体要求，列出工作循环图表，画出编程的状态流程图，最终画出符合控制要求的梯形图。

（5）检验、修改和完善程序。

将编写完的程序通过计算机或编程器送入 PLC，运行程序，并检验程序是否满足控制要求。出现问题，要不断调试、修改程序，要将问题逐一排除，直至调试成功。

下面根据上述编程原则和步骤，举例说明 PLC 编程的具体过程。

8.1 电动机正反转控制

8.1.1 分析控制要求和过程

本例主要是给出 PLC 实现逻辑控制的方法,从中读者可以体会出 PLC 控制与继电器控制的异同。三相异步电动机在工作中经常会遇到正反转控制问题,一般情况用 3 个按钮,即正转、停止和反转。控制过程可能会有 2 种,即频繁正反转和非频繁正反转。当频繁正反转时,按下正转按钮,电动机正转,再按下反转按钮,电动机立即反转,反之也是如此。当非频繁正反转时,按下正转按钮,电动机正转,再按下反转按钮,电动机仍保持正转,按下停止按钮后,电动机停转,反之也是如此。

8.1.2 确定控制方案

电动机一般都需要用 2 个接触器来间接控制,其正反转是通过接触器连接的相序不同来实现的。此处将频繁正反转和非频繁正反转作为 2 种控制方案,分别给出对应的控制程序,在实际应用时选择其一即可。2 种控制方案中都需要自锁和互锁电路,自锁是保持电动机状态,互琐是避免换向时发生短路。

8.1.3 确定装置分配与编号

根据上述分析,可知 PLC 应至少具有 3 个输入、2 个输出,选择台达 DVP14ES 型 PLC 就能满足输入/输出的数量需要。然后确定装置分配与编号,如表 8-1 所示。

表 8-1 电动机正反转控制的装置分配表

输 入		输 出		内部装置	
名 称	说 明	名 称	说 明	名 称	说 明
X0	正转按钮	Y0	正转接触器	T0	延时定时器
X1	反转按钮	Y1	反转接触器	T1	延时定时器
X2	停止按钮				

8.1.4 编写应用程序

根据控制要求及梯形图原理,可编写出如图 8-1 所示的电动机正反转控制梯形图。

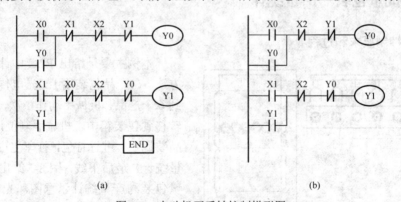

(a) (b)

图 8-1 电动机正反转控制梯形图
(a) 频繁正反转; (b) 非频繁正反转

在图 8-1 (a) 中,执行过程是:若按下正转按钮,X0 动作,Y0 动作,电动机正转,同时 Y0 自锁,正转按钮弹开后,电动机保持正转;此时若按下停止按钮,X2 动作,Y0 断路,电动机停转；当电动机正转时，若按下反转按钮，X1动作，Y0断路，电动机停转，Y1动作，电动机反转，Y1自锁，反转按钮弹开后，电动机保持反转。

在图 8-1（b）中，执行过程是：若按下正转按钮，X0动作，Y0动作，电动机正转，同时 Y0 自锁，正转按钮弹开后，电动机保持正转；此时若按下停止按钮，X2动作，Y0断路，电动机停转。由于在线圈 Y1 前有动断触点 Y0 互锁，正转时动断触点 Y0 打开，按下反转按钮，虽然 X1 动作，但 Y1 线圈不会动作。只有正转停止后，动断触点 Y0 复位后按下反转按钮，X1 动作，Y1 才能动作，电动机也才能反转。

8.1.5 检验、修改和完善程序

虽然上述梯形图程序在原理上是无误的，但控制程序必须考虑实际工作情况。在 PLC 中，控制程序运行速度以 μs 计算，而实际的执行部件多为机械结构，其动作速度达不到 us 级，所以要在 PLC 程序中加一些延时，给机械部件足够的动作时间。

在电动机正反转控制中，接触器中的铁芯触点就属于机械部件，其动作速度远不如 PLC 程序运行速度。如果用图 8-1（a）中的电动机正反转控制梯形图，则在正反转变换中会出现断路问题。当电动机正转时，按下反转按钮，程序在瞬间使 Y0 断路，Y1 动作，而此时易出现正转接触器尚未完全断开，反转接触器已闭合的情况，造成短路，这是不允许的。

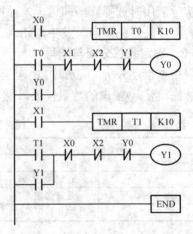

解决此类问题的方法就是在 PLC 程序中加延时，给出足够的动作时间让正转接触器完全断开，再让反转接触器闭合。修改后的梯形图程序如图 8-2 所示。

图 8-2 的工作过程变为：按下正转按钮 1s 后，电动机正转，再按下反转按钮，电动机停转，1s 后，电动机反转。这样接触器有足够的时间进行变换，就不会出现短路现象。

图 8-2 修改后的频繁正反转梯形图程序

8.2 产品批量包装与产量统计

8.2.1 分析控制要求和过程

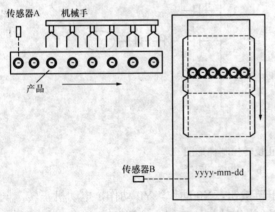

图 8-3 产品的批量包装与产量统计示意图

本例主要是给出 PLC 中计数器的使用方法。在产品包装线上，光电传感器每检测到 6 个产品，机械手动作 1 次，将 6 个产品转移到包装箱中，机械手复位，当 24 个产品装满后，进行打包，打印生产日期，日产量统计，最后下线。图 8-3 给出了产品的批量包装与产量统计示意图，光电传感器 A 用于检测产品，6 个产品通过后，向机械手出动作信号，机械手将这 6 个产品转移至包装箱内，转移 4 次后，开始打包，打包完成后，打印生产日期；传感器 B 用于检测包

装箱，统计产量，下线。

此处只描述了生产线上几个简单的动作，实际上生产线要比这复杂得多，考虑的要求和过程也不是如此简单，想完成整条生产线的控制，需要长期的学习并积累一定的工作经验。

8.2.2 确定控制方案

此处应该根据输入/输出的数量，选择 PLC 机型与型号，但本例是生产线上的一部分，故不具体给出机型和型号。

由控制要求和过程可知，程序中要采用 3 个计数器，产品批量包装控制用 2 个计数器，设定值分别为 6、4，而产量统计用 1 个计数器，设定值应为生产线最大产量，假设为 5000。

8.2.3 确定装置分配与编号

表 8-2 给出了产品批量包装与产量统计的装置分配表，其中，产量计数器 C112 为停电保持型计数器。

表 8-2 产品批量包装与产量统计的装置分配表

| 输　入 | | 输　出 | | 内部装置 | |
名　称	说　明	名　称	说　明	名　称	说　明
X0	产品光电传感器	Y0	机械手	C0	6 值计数器
X1	机械手完成	Y1	打包机	C1	4 值计数器
X2	打包完成	Y2	打号器	C112	产量计数器
X3	产量光电传感器				
X4	产量计数复位				

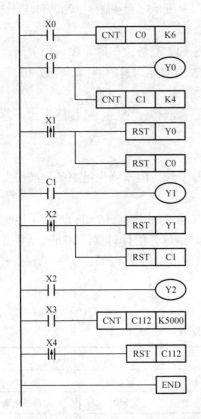

图 8-4 产品批量包装与产量统计的梯形图程序

8.2.4 编写应用程序

图 8-4 给出了产品批量包装与产量统计的梯形图程序。

8.2.5 检验、修改和完善程序

光电传感器每检测到 1 个产品时，X0 就触发 1 次（Off→On），C0 计数 1 次。当 C0 计数达到 6 次时，C0 的动合触点闭合，Y0=On，机械手执行移动动作，同时 C1 计数 1 次。当机械手移动动作完成后，机械手完成传感器接通，X1 由 Off→On 变化 1 次，RST 指令被执行，Y0 和 C0 均被复位，等待下 1 次移动。当 C1 计数达 4 次时，C1 的动合触点闭合，Y1=On，打包机将纸箱折叠并封口，完成打包后，X2 由 Off→On 变化 1 次，RST 指令被执行，Y01 和 C1 均被复位，同时 Y2=On，打号器将生产日期打印在包装箱表面。光电传感器检测到包装箱时，X3 就触发 1 次（Off→On），C112 计数 1 次。按下清零按钮，X4 可将产品产量记录清零，又可对产品数从 0 开始进行计数。

C112 是停电保持的计数器停电后仍能保

持数据的场合。由于生产线可能会突然停电或因中午休息关掉电源，在重新开始生产后需从停电前的记录开始对产品进行计数，因此选用停电保持计数器。

这里需要特别说明的是，实际生产线的控制要求比例中列举的要多得多，比如打包机构折叠纸箱的每个动作都需要有正确的控制，本例主要目的是让读者体会计数器的应用，因此简化了控制要求。

8.3 液体自动混合系统的控制

8.3.1 分析控制要求和过程

本例主要是给出 PLC 中定时器的使用方法。图 8-5 是两种液体自动混合装置示意图。混合槽左边有 2 个液面传感器，分别表示高低液位，当液体掩没传感器时，传感器的控制触点接通，否则断开。A 阀控制 A 种液体的流入，B 阀控制 B 种液体的流入。混合搅拌均匀后的液体通过出口阀流出。M 为搅拌电动机。假设两种液体可连续供给，混合液可由出口连续排出。此时控制要求和过程如下所述。

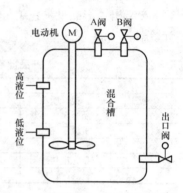

图 8-5 两种液体自动混合装置示意图

当混合槽启动时，A、B 阀关闭，出口阀打开 30s 将容器放空后关闭。排空后，出口阀关闭，A 阀打开，A 种液体流入混合槽中，当液面达到"低液位"时，A 阀关闭，B 阀打开，B 种液体流入混合槽中，当液面达到"高液位"时，B 阀门关闭，电动机开始转动，进行搅拌，2min 后停止，出口阀打开，放出搅拌均匀的液体。经过 30s 后，容器放空，混合液体阀门关闭，又开始下一周期的操作。

此外需要有停止和急停按钮。停止按钮可在某次混合液体排空后，使程序停止。急停按钮能使控制程序直接停止。

8.3.2 确定控制方案

此处应该根据输入/输出的数量，选择 PLC 机型与型号，但本例也是整条生产线上的一部分，因此也不具体给出机型和型号。

控制中至少要使用 2 个计时器，完成液体的排出（30s）和搅拌（2min）。由于控制时间在几十秒到几分钟，所以可采用以 100ms 为时基（计时单位）的计时器。100ms 就是 0.1s，计时器要计时 30s，设定值就应是 300；计时 2min，设定值就应是 1200。

8.3.3 确定装置分配与编号

表 8-3 给出了液体自动混合系统的装置分配表。

表 8-3   液体自动混合系统的装置分配表

输入		输出		内部装置	
名　称	说　明	名　称	说　明	名　称	说　明
X0	启动	Y0	A 阀	M0	内部继电器
X1	低液位传感器	Y1	B 阀	M1	内部继电器

续表

输 入		输 出		内部装置	
名 称	说 明	名 称	说 明	名 称	说 明
X2	高液位传感器	Y2	出口阀	T0	排空定时器
X10	急停	Y3	搅拌电机	T1	搅拌定时器
X11	停止			T2	排空定时器

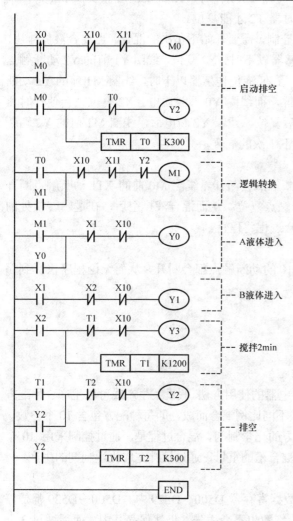

图 8-6 液体自动混合系统的梯形图程序

8.3.4 编写应用程序

图 8-6 给出了液体自动混合系统的梯形图程序。

8.3.5 检验、修改和完善程序

这个程序比较复杂，我们将分步对图 8-6 进行解释。

1. 程序的启动与排空

当按下启动按钮后，X0 闭合了 1 个扫描脉冲时间，提供了 1 个启动信号，之后就处于断开状态。启动信号发出后，内部继电器 M0 线圈通电，触点 M0 闭合，此处是个自锁回路。接下来，闭合的触点 M0，使 Y2 线圈通电，出口阀打开进行排空，计时器 T0 开始计时。

30s 后，T0 动作，首先是动合触点 T0 闭合，而后程序完成 1 个扫描周期，进入下 1 个周期，从头开始扫描，使动断触点 T0 打开，线圈 Y2 断电，出口阀关闭。

2. 主程序的运行

当 T0 计时 30s 后，主程序开始运行。

首先，程序进入 1 个逻辑转换。逻辑转换是利用内部继电器表达多个元器件之间的逻辑关系，梯形图程序中经常用到的。在此，当 T0 计时 30s 后，动合触点 T0 虽然闭合，但由于 Y2 的动断触点的存在，M1 此时还不能通电，因为当线圈 Y2 通电时，Y2 的动断触点是打开的。程序要在 T0 计时到达 30s 后的下 1 个扫描周期，将线圈 Y2 前的动断触点 T0 打开，使线圈 Y2 断电，而后线圈 M1 前的动断触点 Y2 闭合，此时线圈 M1 通电。这样就可以实现先关闭出口阀，再打开 A 阀。

线圈 M1 通电后，M1 的动合触点闭合，线圈 Y0 通电，A 阀打开，A 液体进入混合槽。当 A 液体液面到达低液位传感器时，动断触点 X1 打开，线圈 Y0 断电，A 阀关闭。

动合触点 X1 闭合，线圈 Y1 通电，B 阀打开，B 液体进入混合槽。当液面到达高液位传感器时，动断触点 X2 打开，线圈 Y1 断电，B 阀关闭。

动合触点 X2 闭合，线圈 Y2 通电，搅拌电机运转，开始搅拌液体，同时计时器 T1 开始计时，2min 后，T1 动作。T1 的动合触点先闭合，程序运行的下 1 个周期 T1 的动断触点再打开。这样虽然是先打开出口阀，再关闭搅拌电机，但不会影响程序运行。

T1 的动合触点闭合，线圈 Y2 通电，出口阀打开，排出液体，同时计时器 T2 开始计时。30s 后，T2 动作，T2 的动断触点打开，线圈 Y2 断电，出口阀关闭，计时器 T2 复位。此处，又是利用 PLC 程序是循环扫描运行的，当计时器 T2 动作时，T2 的动断触点要在下 1 个扫描周期才能打开，线圈 Y2 才能断电，而后计时器 T2 才能复位。

至此，主程序完成了 1 次液体自动混合控制，需要开始下 1 次的混合。当混合液体排出，即在 Y2 通电过程中，当液面降到高液位传感器以下时，X2 复位，线圈 Y1 前的 Y2 动断触点是打开的，从而线圈 Y1 不会通电；当液面降到低液位传感器以下时，线圈 M1 前的 Y2 动断触点是打开的，线圈 M1 断电，此时 X1 复位，而线圈 Y0 不会通电。X2 复位，会使计时器 T1 复位。计时器 T2 先将线圈 Y2 断电，然后复位。线圈 Y2 断电后，线圈 M1 前的 Y2 动断触点复位，又重新使线圈 M1 通电，开始了下 1 次的混合。

3. 停止的实现

当按下停止按钮时，X11 动作，2 个动断触点会断开。线圈 M0 前的 X11 动断触点断开后，M0 断电，导致定时器 T0 断电，T0 的触点复位。从而混合液排空后，在逻辑转换处的动断触点 Y2 无法让线圈 M1 再次通电，混合过程将停止。

4. 急停的实现

当按下急停按钮时，X10 动作，所有 X10 的动断触点都会断开，从而无论程序执行到哪步，所有动作将停止。

8.4 产品配方参数调用

8.4.1 分析控制要求和过程

本例主要是给出 PLC 中循环和变址寄存电器的使用方法。假设某生产线可以生产 3 种配方的化学制剂，每种制剂均由 10 种化学粉末按不同比例混合而成，即每种配方包含 10 个参数。通过选择相应的配方种类开关，来生产该配方的化学制剂。混合过程是，通过控制采用 10 个开关阀的打开时间，控制各种化学粉末进入混合槽的重量，通过搅拌完成化学制剂的生产。

8.4.2 确定控制方案

首先将 3 种配方的 30 个参数分别存入数据寄存器 D500～D529 中。D500～D529 都是停电保持型数据寄存器，即使 PLC 断电，这些参数也不会丢失，仍然保存其中。而后通过 3 个按钮来选择配方，采用变址寄存器 E0，F0 来调出相应的 10 个参数。

8.4.3 确定输入/输出信号

表 8-4 给出了产品配方参数调用的装置分配表。

表 8-4 产品配方参数调用的装置分配表

输　入		输　出		内部装置	
名　称	说　明	名　称	说　明	名　称	说　明
X0	配方 1 按钮	D500～D509	配方 1 的数据	Y0～Y7, Y10, Y11	1～10 阀

输　入		输　出		内部装置	
名　称	说　明	名　称	说　明	名　称	说　明
X1	配方 2 按钮	D510～D519	配方 2 的数据	E0	变址寄存器
X2	配方 3 按钮	D520～D529	配方 3 的数据	F0	变址寄存器
		D100～D109	当前配方数据	M0	内部继电器

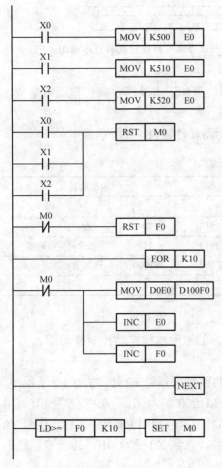

图 8-7　产品配方参数调用的梯形图程序

8.4.4　编写应用程序

图 8-7 给出了产品配方参数调用的梯形图程序。

8.4.5　检验、修改和完善程序

本例的关键是利用 E0、F0 变址寄存器配合 FOR～NEXT 循环来实现数据寄存器 D 编号的变化，将存放配方参数的其中一组寄存器传送到 D100～D109，作为当前执行的配方参数。

当选择其中一组配方参数时，X0、X1、X2 其中一个将变为 ON，E0 的值将分别对应为 K500、K510、K520，而 D0E0 将分别代表 D500、D510、D520，同时 RST M0 指令执行，M0 复位变为 Off，RST F0 指令和 FOR～NEXT 循环将被执行，这是因为 F0 被复位变为 K0，D100F0 代表 D100。

FOR～NEXT 循环执行次数为 10 次，假设选择的是第一组配方，则 D0E0 将从 D500～D509 变化，D100F0 将从 D100～D109 变化，实现第一组配方参数数据的调用。

假设选择的是第一组配方，当执行第 1 次循环时，D500 的值将被传送到 D100，当执行第 2 次循环时，D501 的值将被传送到 D101……，依此类推，当执行第 10 次循环时，D509 的值将被传送到 D109 中。

当循环次数到达时，即 F0=K10，SET M0 指令将被执行，M0 被置位变为 ON，FOR～NEXT 循环中的指令因 M0 的动断接点断开而停止执行。

本例实现的是 10 个参数的 3 组配方数据的传送，通过改变 FOR～NEXT 循环的次数很容易改变配方中参数个数，而要增加配方的组数，可在程序中增加一条将存放配方数据 D 的起始编号值"MOV"到 E0 的 MOV 指令即可。

8.5　水库水位自动控制

8.5.1　分析控制要求和过程

水库是一种集农业灌溉、矿山工业用水和水利发电于一体的水利设施。一般情况下，将

主闸阀调节到正常位置不动以保证最大发电量，在特殊情况下，根据雨量和灌溉量及矿山工业用水量来调节水库水位高低。

8.5.2　确定控制方案

如图 8-8 所示，当水库水位上升超过上限时，水位异常警报灯报警，并进行泄水动作。当水库水位下降低于下限时，水位异常警报灯报警，并进行灌水动作。若泄水动作执行 10min，水位上限传感器 X0 仍为 On，则机械故障报警灯报警。若灌水动作执行 5min 后，水位下限传感器 X1 仍为 On，则机械

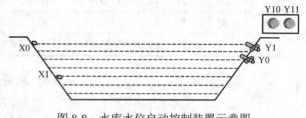

图 8-8　水库水位自动控制装置示意图

故障报警灯报警。当水位处于正常水位时，所有报警灯熄灭和泄水及灌水阀门自动被复位。

8.5.3　确定装置分配与编号

根据上述分析，可确定水库水位自动控制 PLC 的所需元件如表 8-5 所示。

表 8-5　　　　　　　　　　　　　水库水位自动控制的装置分配表

输　入		输　出		内部装置	
名　称	说　明	名　称	说　明	名　称	说　明
X0	水位上限传感器	Y0	水库泄水阀门	T0	泄水时间计时器
X1	水位下限传感器	Y1	水库灌水阀门	T1	灌水时间计时器
		Y10	水位异常报警灯	M1000	运行监视常开触点
		Y11	机械故障报警灯		

8.5.4　编写应用程序

根据控制要求及梯形图原理，可编写出如图 8-9 所示的水库水位自动控制梯形图。

8.5.5　检验、修改和完善程序

当水位超过上限时，X0=On，CALL P0 指令执行，将跳转到指针 P0 处，执行 P0 子程序，内部继电器 M1000 为运行监视动合触点，PLC 运行后 M1000 即为 On。在主程序没有调用 P0 子程序时，M1000 为 On，但线圈 Y0 和 Y10 都为 Off。主程序调用 P0 子程序后，线圈 Y0 和 Y10 都为 On，进行泄水动作并且水位异常报警灯报警，直到 X0 变为 Off，即当水位低于上限水位时，才停止 P0 子程序。

当水位低于上限时，X1=On，CALL P10 指令执行，将跳转到指针 P10 处，执行 P10 子程序，线圈 Y1 和 Y10 都为 On，进行泄水动作并水位异常报警灯报警，直到 X1 变为 Off，即当水位高于下限水位时，才停止 P10 子程序。

在 P0 和 P10 子程序中嵌套了 CALL P20 子程序，如果进行泄水动作 10min 但水位上限传感器仍为 On，则执行 P20 子程序，Y11 线圈导通，机械故障指示灯报警。

同样，如果进行灌水动作 10min 但水位下限传感器仍为 On，则执行 P20 子程序，Y11 线圈导通，机械故障指示灯报警。

如果水库处于正常水位，即 X0 和 X1 都为 Off，则 ZRST 指令执行，Y0、Y1、Y10、Y11、T0、T1 都被复位，泄水和灌水阀门和报警灯都不动作。

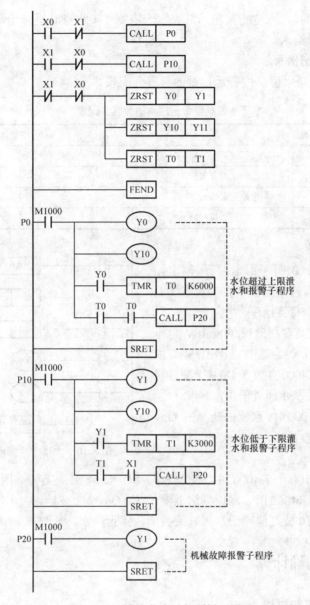

图 8-9 水库水位自动控制梯形图

8.6 水塔水位高度警示控制

8.6.1 分析控制要求和过程

随着城乡人民生活水平的不断改善,许多家庭都使用上了高位水池自来水系统,公用水塔广泛应用于我国住宅区的供水系统中。要保证公用水塔的正常运行,水塔水位控制系统必须具备测量水位高度、把水位控制在正常范围内的能力。

8.6.2 确定控制方案

利用模拟式液位高度测量仪(0~10V 电压输出)测量水位高度,从而进行水位的控制。

当水位处于正常高度时，水位正常指示灯亮，水塔剩 1/4 水量时进行给水动作；当水位到达上限时，报警并停止给水。

8.6.3　确定输入/输出信号

表 8-6 给出了水塔水位高度警示控制的装置分配表。

表 8-6　　　　　　　　　水塔水位高度警示控制的装置分配表

输 出		内部装置	
名　称	说　明	名　称	说　明
Y0	给水阀开关	D0	模拟式液位高度测量值
Y1	水位正常指示灯		
Y2	水位到达警报器		

8.6.4　编写应用程序

根据控制要求及梯形图原理，可编写出如图 8-10 所示的水塔水位高度警示控制梯形图。

8.6.5　检验、修改和完善程序

利用模拟式液位高度测量仪（0～10V 电压输出）测量水位高度，经台达 DVP04AD 扩充模块转换成数值 K0～K4000 存放在 D0 中，通过对 D0 的值进行判断来控制水面处于正常高度。

当 D0 值小于 K1000 时，水位偏低，M0=On，SET 指令执行，Y0 被置位，给水阀开关打开，开始给水。

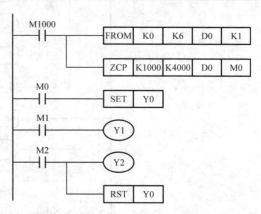

图 8-10　水塔水位高度警示控制梯形图

当 D0 的值在 K1000～K4000 时，水位正常，M1=On，Y1 被导通，用水位正常指示灯亮。

当 D0 的值大于 K4000 时，水位到达上限，M2=On，Y2 被导通，水位到达警报器响；同时 RST 指令执行，Y0 被复位，给水阀开关关闭，停止给水。

8.7　水管流量精确计算

8.7.1　分析控制要求和过程

水管直径以 mm 为单位，水的流速以 dm/s（1 分米/秒）为单位，水流量以 cm^3/s（1 毫升/秒）为单位。水管横截面积=πr^2=$\pi(d/2)^2$，水流量=水管横截面积×流速。要求水流量的计算结果精确到小数点后的第 2 位。

8.7.2　确定控制方案

涉及小数点的精确运算时，一般需用浮点数运算指令，但用浮点数运算指令需要转换，比较繁琐，本例用整型四则运算指令实现小数点的精确运算。

本程序中 mm、cm、dm 都有用到，所以必须统一单位，保证符合结果需要，程序中先将所有单位统一成 mm，最后将单位变成需要的 cm^3。

8.7.3　确定装置分配与编号

表 8-7 给出了水管流量精确计算的装置分配表。

表 8-7　　　　　　　　　　　　　　水管流量精确计算的装置分配表

输　入		内部装置	
名　称	说　明	名　称	说　明
X0	启动计算	D0	水管直径
		D6	水管横截面积运算结果
		D10	水管流速
		D20	水管流量运算结果
		D30	水管流量运算结果

8.7.4　编写应用程序

根据控制要求及梯形图原理，可编写出如图 8-11 所示的水管流量计算梯形图。

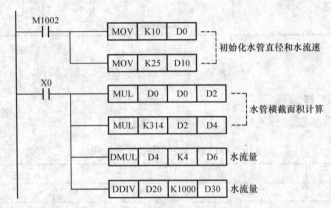

图 8-11　水管流量精确计算梯形图

8.7.5　检验、修改和完善程序

计算水管横截面积时需要用到 π，$\pi \approx 3.14$，在程序中没有将 dm/s（分米/秒）扩大 100 倍，变成 mm 单位，而却把 π 扩大了 100 倍，变为 314，这样做的目的可以使运算精确到小数点后的 2 位。

最后将运算结果 mm^3/s 除以 1000 变成 cm^3/s。$1cm^3=1mL$，$1L=1000mL=1000\ cm^3=1dm^3$。

假设水管直径 D0 为 10mm，水流速 D10 为 25dm/s，则水管水流量运算结果为 196 cm^3/s。

8.8　流水线运行的编码与译码

8.8.1　分析控制要求和过程

某生产车间内，有编号为 0~7 的 8 条辅助流水线，分别向主流水线传送 8 种不同的产品，如图 8-12 所示。当辅助流水线全部开动时，需要知道当前哪个编号的辅助流水线上的产品正进入主流水线。如果主流水线达到满负荷时，根据情况能暂停某辅助流水线向主流水线传送产品。

8.8.2　确定控制方案

采用编码命令将辅助流水线检测开关（编号）的状态存入监控寄存器 D0，从而可知目前正在向主流水线传送产品的辅助流水线编号。设定暂停寄存器 D10 为 K0~K7 之间的值，采用译码命令可将要暂停的辅助流水线编号输出至 Y0~Y7，从而暂停某辅助流水线。

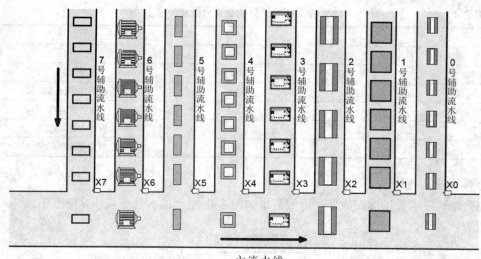

图 8-12　流水线运行示意图

8.8.3　确定装置分配与编号

表 8-8 给出了流水线运行的编码与译码装置分配表。

表 8-8　　　　　　　　流水线运行的编码与译码装置分配表

输　入		输　出		内部装置	
名称	说　明	名称	说　明	名称	说　明
X0~X7	检测开关	Y0~Y7	流水线停止开关	D0	监控寄存器
				D10	暂停寄存器
				M10	编码指令启动
				M11	译码指令启动

8.8.4　编写应用程序

图 8-13 给出了流水线运行的编码与译码梯形图。

8.8.5　检验、修改和完善程序

当 M10=On 时，执行 ENCO 指令，任一辅助流水线有产品进入主流水线，其编号会被编码到 D0，从而可知是哪种产品正进入主流水线。

假设 D10 的值已设定，当 M11=On 时，执行 DECO 指令，D10 的值会被译码到 Y0~Y7 之一，从而使对应的辅助流水线暂停。例如，D10=K5，则译码得到 Y5=On，5 号辅助流水线将暂停运行。

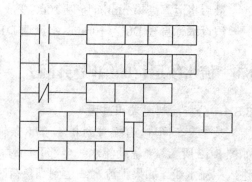

图 8-13　流水线运行的编码与译码梯形图

当 M11=Off 时，执行 ZRST 指令，Y0~Y7 都为 Off，所有的辅助流水线都正常运行。

如果 D10 的设定值不在 K0~K7 范围时，D10 也被写入 HFFFF，以保证不会因 D10 写入使 Y0~Y7 动作的其他值，导致辅助流水线暂停运行。

8.9 DHSCS切割机控制

在工业加工中，自动光电传感式机械切割机应用场合十分广泛，其核心的控制部分可用 PLC 控制，配合光电检测器件可实现流水线作业。

8.9.1 分析控制要求和过程

传送带滚轴转动 1 次，X0 计数 1 次，当 C235 计数到 1000 次时，切刀 Y1 动作 1 次，完成一次切割过程。

8.9.2 确定控制方案

根据控制要求设计的光电传感式机械切割机如图 8-14 所示，光电检测开关 X0 记录转轴转数，X1 控制切刀动作，C235 计数 1000 次时切刀动作 1 次。

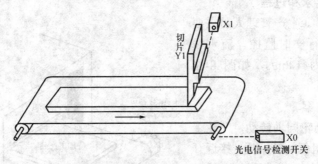

图 8-14 光电传感式机械切割机示意图

8.9.3 确定装置分配与编号

表 8-9 给出了光电传感式机械切割机装置分配表。

表 8-9　　　　　　　　　光电传感式机械切割机装置分配表

输 入		输 出		内部装置	
名　称	说　明	名　称	说　明	名　称	说　明
X0	光电信号检测开关	Y1	切刀	C235	计数器
X1	光电信号检测开关				

8.9.4 编写应用程序

图 8-15 为光电传感式机械切割机的梯形图控制程序。

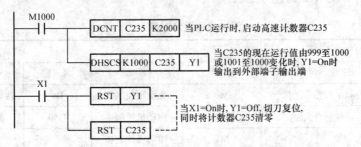

图 8-15 光电传感式机械切割机控制梯形图

8.9.5 检验、修改和完善程序

光电开关 X0 为高速计数器 C235 的外部计数输入点；传送带滚轴每转一周，X0 由 Off

→On 变化 1 次，C235 计数 1 次。

在 DHSCS 指令中，当 C235 计数达到 1000 时（即传送带滚轴转动 1000 转），Y1=On，且以中断的方式立即将 Y1 的状态输出到外部输出端，使切刀下切。

当切刀下切、切割动作完成时，X1=On，则 C235 被清零，Y1 被复位，切刀归位，X1=Off。这样，C235 又重新计数，重复上述动作，如此反复循环。

8.10　整数与浮点数混合的四则运算在流水线中的应用

基于 PLC 的流水线作业的时间控制通常应用整数与浮点混合运算，本例将详细讲述如何应用整数与浮点混合运算计算时间。

8.10.1　分析控制要求和过程

在流水线作业中，生产管理人员需要对流水线的速度进行实时监控，流水线正常运行目标速度为 1.8m/s，如图 8-16 所示。

8.10.2　确定控制方案

电动机与多齿凸轮同轴转动，凸轮上有 10 个突齿，电动机每旋转一周，接近开关接收到 10 个脉冲信号，流水线前进 0.325m。电机转速（r/min）=接近开关每分钟接收到的脉冲数/10，流水线速度=电动机每秒旋转圈数×0.325=（电动机转速/60）×0.325。

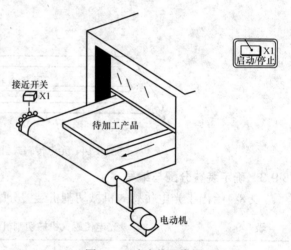

图 8-16　流水线示意图

当流水线速度低于 0.8m/s 时，速度偏低灯亮；当流水线速度在 0.8～1.8m/s 时，速度正常灯亮；当流水线速度高于 1.8m/s 时，速度偏高灯亮。显示出流水线的速度来进行监控。

8.10.3　确定装置分配与编号

表 8-10 给出了流水线装置分配表。

表 8-10　　　　　　　　　　　　　流水线装置分配表

输　入		输　出		内部装置	
名　称	说　明	名　称	说　明	名　称	说　明
X0	脉冲频率检测启动按钮	M0	电动机控制 0	D0	接近开关的脉冲频率
X1	接近开关	M1	电动机控制 1	D50	流水线当前速度
		M2	电动机控制 2		

8.10.4　编写应用程序

图 8-17 为基于整数与浮点混合四则运算的梯形图控制程序。

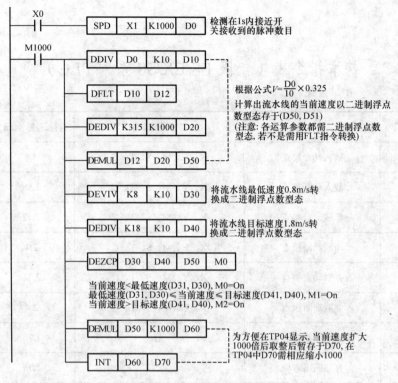

图 8-17　流水线控制梯形图

8.10.5　检验、修改和完善程序

利用 SPD 指令测得的接近开关的脉冲频率（D0）来计算出电机的转速。电机转速（r/min）=每分钟内测得的脉冲数目/10=（脉冲频率×60）/10=（D0×60）/10。

再利用测得的频率 D0 计算出流水线速度为

$$v = \frac{N}{60} \times 0.325 = \frac{D0 \times 60/10}{60} \times 0.325(\text{m/s}) = \frac{D0}{10} \times 0.325(\text{m/s})$$

式中：v 为流水线速度，m/s；N 为电机转速，r/min；D0 为脉冲频率。

假设 SPD 指令测得的脉冲频率 $D0 = K_{50}$，则根据上式可计算出

$$流水线速度 = \frac{50}{10} \times 0.325(\text{m/s}) = 1.625(\text{m/s})$$

计算流水线当前速度时运算参数含有小数点，所以需用二进制浮点数运算指令来实现。

通过 DEZCP 指令来判断流水线当前速度与上下限速度的关系，判断结果反应在 M0～M2 上。

程序中计算流水线速度涉及整型数和浮点型数的混合运算，在执行二进制浮点数运算指令之前，各运算参数均需转换成二进制浮点数，若不是，需用 FLT 指令转换，然后才能用二进制浮点数指令进行运算。

程序最后将当前速度扩大 1000 倍后再取整，目的是方便监控。

附录 1

基本指令表（仅限 ES/EX/SS 系列 PLC）

	指令码	功　　能	操作数	运行速度（μm）	STEP
一般 指令	LD	载入动合接点	X、Y、M、S、T、C	3.8	1～3
	LDI	载入动断接点	X、Y、M、S、T、C	3.88	1～3
	AND	串联动合接点	X、Y、M、S、T、C	2.32	1～3
	ANI	串联动断接点	X、Y、M、S、T、C	2.4	1～3
	OR	并联动合接点	X、Y、M、S、T、C	2.32	1～3
	ORI	并联动断接点	X、Y、M、S、T、C	2.4	1～3
	ANB	串联回路方块	无	1.76	1～3
	ORB	并联回路方块	无	1.76	1～3
	MPS	存入堆栈	无	1.68	1～3
	MRD	堆栈读取（指标不动）	无	1.6	1
	MPP	读出堆栈	无	1.6	1
输出 指令	OUT	驱动线圈	Y、S、M	5.04	1～3
	SET	动作保持（ON）	Y、S、M	3.8	1～3
	RST	触点或寄存器清除	Y、M、S、T、C、D、E、F	7.8	3
主控 指令	MC	共通串列触点连接	N0～N7	5.6	3
	MCR	共通串列触点解除	N0～N7	5.7	3
结束 指令	END	程序结束	无	5	1
步进 梯形 指令	STL	程序跳至副母线	S	11.6	1
	RET	程序返回主母线	无	7.04	1
其他 指令	NOP	无动作	无	0.88	1
	P	指标	P0～P255	0.88	1
	I	中断插入指标	I□□□	0.88	1

应用指令（仅限 ES/EX/SS 系列 PLC）

分类	API	指令码		功　能	STEPS	
		16 位	32 位		16 bit	32 bit
流程控制	00	CJ	—	条件跳转	3	—
	01	CALL	—	调用子程序	3	—
	02	SRET	—	子程序结束	1	—
	03	IRET	—	中断返回	1	—
	04	EI	—	允许中断	1	—
	05	DI	—	禁止中断	1	—
	06	FEND	—	主程序结束	1	—
	07	WDT	—	超时监视计时器	1	—
	08	FOR	—	循环开始	3	—
	09	NEXT	—	循环结束	1	—
传送比较	10	CMP	DCMP	比较设定输出	7	13
	11	ZCP	DZCP	区域比较	9	17
	12	MOV	DMOV	资料移动	5	9
	14	CML	DCML	反转传送	5	9
	15	BMOV	—	全部传送	7	—
	16	FMOV	DFMOV	多点移动	7	13
	17	XCH	DXCH	资料的交换	5	9
	18	BCD	DBCD	BIN→BCD 变换	5	9
	19	BIN	DBIN	BCD→BIN 变换	5	9
四则逻辑运算	20	ADD	DADD	BIN 加法	7	13
	21	SUB	DSUB	BIN 减法	7	13
	22	MUL	DMUL	BIN 乘法	7	13
	23	DIV	DDIV	BIN 除法	7	13
	24	INC	DINC	BIN 加一	3	5
	25	DEC	DDEC	BIN 减一	3	5
	26	WAND	DAND	逻辑与（AND）运算	7	13
	27	WOR	DOR	逻辑或（OR）运算	7	13
	28	WXOR	DXOR	逻辑互斥或（XOR）运算	7	13
	29	NEG	DNEG	取负数（取 2 的补数）	3	5
循环位移	30	ROR	DROR	右循环	5	9
	31	ROL	DROL	左循环	5	9
	32	RCR	DRCR	附进位旗标右循环	5	9
	33	RCL	DRCL	附进位旗标左循环	5	9
	34	SFTR	—	位右移	9	—
	35	SFTL	—	位左移	9	—

分类	API	指令码		功　能	STEPS	
		16 位	32 位		16 bit	32 bit
数据处理 I	40	ZRST	—	区域清除	5	—
	41	DECO	—	解码器	7	—
	42	ENCO	—	编码器	7	—
	43	SUM	DSUM	On 位数量	5	9
	44	BON	DBON	On 位判定	7	13
	45	MEAN	DMEAN	平均值	7	13
	48	SQR	DSQR	BIN 开平方根	5	9
	49	FLT	DFLT	BIN 整数→二进浮点数变换	5	9
高速处理	50	REF	—	I/O 更新处理	5	—
	53	—	DHSCS	比较设定（高速计数器）	—	13
	54	—	DHSCR	比较清除（高速计数器）	—	13
	56	SPD	—	速度侦测	7	—
	57	PLSY	DPLSY	脉冲输出	7	13
	58	PWM	—	脉冲波宽调变	7	—
	59	PLSR	DPLSR	脉冲输出附加减速	9	17
便利指令	60	IST	—	手动/自动控制	7	—
	66	ALT	—	On/Off 交替	3	—
外部 I/O 设备	73	SEGD	—	七段显示器解码	5	—
	74	SEGL	—	七段显示器扫描输出	7	—
	78	FROM	DFROM	扩展模块 CR 资料读出	9	17
	79	TO	DTO	扩展模块 CR 资料写入	9	17
外部 SER 设备	80	RS	—	串列资料传输	9	—
	82	ASCI	—	HEX 转为 ASCII	7	—
	83	HEX	—	ASCII 转为 HEX	7	—
	87	ABS	DABS	绝对值	3	5
	88	PID	DPID	PID 运算	9	17
基本指令	89	PLS	—	上升沿微分输出	3	—
	90	LDP	—	上升沿指令开始	3	—
	91	LDF	—	下降沿指令开始	3	—
	92	ANDP	—	上升沿指令串联连接	3	—
	93	ANDF	—	下降沿指令串联连接	3	—
	94	ORP	—	上升沿指令并联连接	3	—
	95	ORF	—	下降沿指令并联连接	3	—
	96	TMR	—	计时器	4	—
	97	CNT	DCNT	计数器	4	6
	98	INV	—	运算结果反相	1	—
	99	PLF	—	下降沿微分输出	3	—
台达变频器通信	100	MODRD	—	MODBUS 资料读取	7	—
	101	MODWR	—	MODBUS 资料写入	7	—
	102	FWD	—	VFD—A 变频器正转指令	7	—
	103	REV	—	VFD—A 变频器反转指令	7	—
	104	STOP	—	VFD—A 变频器停止指令	7	—
	105	RDST	—	VFD—A 变频器状态读取	5	—

续表

分类	API	指令码		功　能	STEPS	
		16位	32位		16 bit	32 bit
变频器通信	106	RSTEF	—	VFD—A 变频器异常重置	5	—
	107	LRC	—	和检查 LRC 模式	7	—
	108	CRC	—	和检查 CRC 模式	7	—
浮点运算	110	—	DECMP	二进浮点数比较	—	13
	111	—	DEZCP	二进浮点数区域比较	—	17
	118	—	DEBCD	二进浮点数→十进浮点数	—	9
	119	—	DEBIN	十进浮点数→二进浮点数	—	9
	120	—	DEADD	二进浮点数加法	—	13
	121	—	DESUB	二进浮点数减法	—	13
	122	—	DEMUL	二进浮点数乘法	—	13
	123	—	DEDIV	二进浮点数除法	—	13
	124	—	DEXP	二进浮点数取指数	—	9
	125	—	DLN	二进浮点数取自然对数	—	9
	126	—	DLOG	二进浮点数取对数	—	13
	127	—	DESQR	二进浮点数开平方根	—	9
	128	—	DPOW	浮点数权值指令	—	13
	129	INT	DINT	二进浮点数→BIN 整数变换	5	9
	130	—	DSIN	二进浮点数 SIN 运算	—	9
	131	—	DCOS	二进浮点数 COS 运算	—	9
	132	—	DTAN	二进浮点数 TAN 运算	—	9
	138	—	DTANH	二进浮点数 TANH 运算	—	9
数据处理	147	SWAP	DSWAP	上/下 BYTE 变换	3	5
	150	MODRW	—	MODBUS 读写	11	—
触点型态比较指令	224	LD=	DLD=	S1 = S2	5	9
	225	LD>	DLD>	S1 > S2	5	9
	226	LD<	DLD<	S1 < S2	5	9
	228	LD<>	DLD<>	S1 ≠ S2	5	9
	229	LD<=	DLD<=	S1 ≤ S2	5	9
	230	LD>=	DLD>=	S1 ≥ S2	5	9
	232	AND=	DAND=	S1 = S2	5	9
	233	AND>	DAND>	S1 > S2	5	9
	234	AND<	DAND<	S1 < S2	5	9
	236	AND<>	DAND<>	S1 ≠ S2	5	9
	237	AND<=	DAND<=	S1 ≤ S2	5	9
	238	AND>=	DAND>=	S1 ≥ S2	5	9
	240	OR=	DOR=	S1 = S2	5	9
	241	OR>	DOR>	S1 > S2	5	9
	242	OR<	DOR<	S1 < S2	5	9
	244	OR<>	DOR<>	S1 ≠ S2	5	9
	245	OR<=	DOR<=	S1 ≤ S2	5	9
	246	OR>=	DOR>=	S1 ≥ S2	5	9

附录 3

特殊辅助继电器（仅限 ES/EX/SS 系列 PLC）

编号	功能说明	Off ↓ On	Stop ↓ Run	Run ↓ Stop	属性	停电保持	出厂值
M1000	运行监视动合触点。RUN 中常时 On，动合触点。PLC 在 RUN 的状态下，此触点为 On	Off	On	Off	R	否	Off
M1001	运行监视动断触点。RUN 中常时 Off，动断触点。PLC 在 RUN 的状态下，此触点 Off	On	Off	On	R	否	On
M1002	启始正向脉冲（RUN 的瞬间 "On"）。初期脉冲，动合触点。RUN 的瞬间，产生正向的 PULSE，PULSE 的宽度 = 扫描周期	Off	On	Off	R	否	Off
M1003	启始负向脉冲（RUN 的瞬间 "Off"）。初期脉冲，动断触点。RUN 的瞬间，产生负向的脉冲，其宽度 = 扫描周期	On	Off	On	R	否	On
M1004	语法检查错误发生	Off	Off	—	—	否	Off
M1008	扫描逾时定时器（WDT）ON	Off	Off	—	R	否	Off
M1009	24VDC 供应不足记录，LV 信号	Off	—	—	R	否	Off
M1010	PLSY Y0 模式选择，On 时为连续输出	Off	—	—	R/W	否	Off
M1011	10ms 时钟脉冲，5ms On/5ms Off	Off	—	—	R	否	Off
M1012	100ms 时钟脉冲，50ms On / 50ms Off	Off	—	—	R	否	Off
M1013	1s 时钟脉冲，0.5s On / 0.5s Off	Off	—	—	R	否	Off
M1014	1min 时钟脉冲，30s On / 30s Off	Off	—	—	R	否	Off
M1020	零标志（Zero flag）	Off	—	—	R	否	Off
M1021	借位标志（Borrow flag）	Off	—	—	R	否	Off
M1022	进位标志（Carry flag）	Off	—	—	R	否	Off
M1023	PLSY Y1 模式选择，On 时为连续输出	Off	—	—	R/W	否	Off
M1024	COM1 监视要求	Off	—	—	R	否	Off
M1025	有不正确的通信服务要求(当 HPP，PC 或 MMI（人机接口）及 PLC 联机时，在数据的传输当中，若 PLC 接收到不合法的通信服务要求时，M1025 会被设定，且会将错误代码存于 D1025）	Off	—	—	R	否	Off
M1028	10ms 时间切换标志，Off: T64～T126 的时基为 100ms, On: 时基为 10ms	Off	—	—	R/W	否	Off

续表

编号	功能说明	Off ↓ On	Stop ↓ Run	Run ↓ Stop	属性	停电保持	出厂值
M1029	PLSY、PLSR 指令脉冲输出 Y0 执行完毕，或其他相关指令执行完毕	Off	—	—	R	否	Off
M1030	PLSY、PLSR 指令脉冲输出 Y1 执行完毕	Off	—	—	R	否	Off
M1031	非停电保持区域全部清除	Off	—	—	R/W	否	Off
M1032	停电保持区域全部清除	Off	—	—	R/W	否	Off
M1033	非运行中记忆保持	Off	—	—	R/W	否	Off
M1034	Y 输出全部禁止	Off	—	—	R/W	否	Off
M1039	固定时间扫描模式	Off	—	—	R/W	否	Off
M1040	步进禁止	Off	—	—	R/W	否	Off
M1041	步进开始	Off	—	Off	R/W	否	Off
M1042	启动脉冲	Off	—	—	R/W	否	Off
M1043	原点回归完毕	Off	—	Off	R/W	否	Off
M1044	原点条件	Off	—	Off	R/W	否	Off
M1045	全部输出复位禁止	Off	—	—	R/W	否	Off
M1046	STL 状态设定 On	Off	—	—	R	否	Off
M1050	I001 禁止	Off	—	—	R/W	否	Off
M1051	I101 禁止	Off	—	—	R/W	否	Off
M1052	I201 禁止	Off	—	—	R/W	否	Off
M1053	I301 禁止	Off	—	—	R/W	否	Off
M1056	I6□□ 禁止	Off	—	—	R/W	否	Off
M1060	系统错误信息 1	Off	—	—	R	否	Off
M1061	系统错误信息 2	Off	—	—	R	否	Off
M1062	系统错误信息 3	Off	—	—	R	否	Off
M1063	系统错误信息 4	Off	—	—	R	否	Off
M1064	操作数使用错误	Off	Off	—	R	否	Off
M1065	语法错误	Off	Off	—	R	否	Off
M1066	回路错误	Off	Off	—	R	否	Off
M1067	演算错误	Off	Off	—	R	否	Off
M1068	演算错误锁定（D1068）	Off	—	—	R	否	Off
M1070	PWM 指令 Y1 时脉单位切换，On:100μs，Off:1ms	Off	—	—	R/W	否	Off
M1072	PLC RUN 指令执行	Off	On	Off	R/W	否	Off
M1078	PLSY 指令 Y0 脉冲输出立即停止标志	Off	—	—	R/W	否	Off
M1079	PLSY 指令 Y1 脉冲输出立即停止标志	Off	—	—	R/W	否	Off
M1080	COM2 监视要求	Off	—	—	R	否	Off
M1086	设定 DVP—PCC01 密码功能启动开关	Off	—	—	R/W	否	Off

续表

编号	功能说明	Off ↓ On	Stop ↓ Run	Run ↓ Stop	属性	停电保持	出厂值
M1115	加减速脉冲输出启动开关	Off	Off	Off	R/W	否	Off
M1116	加减速脉冲输出加速中标志	Off	Off	Off	R/W	否	Off
M1117	加减速脉冲输出到达目标频率标志	Off	Off	Off	R/W	否	Off
M1118	加减速脉冲输出减速中标志	Off	Off	Off	R/W	否	Off
M1119	加减速脉冲输出完成标志	Off	Off	Off	R/W	否	Off
M1120	COM2（RS-485）通信设定保持，设定后 D1120 变更无效	Off	Off	—	R/W	否	Off
M1121	RS-485 通信数据发送等待	Off	On	—	R	否	Off
M1122	送信要求	Off	Off	—	R/W	否	Off
M1123	接收完毕	Off	Off	—	R/W	否	Off
M1124	接收等待	Off	Off	—	R	否	Off
M1125	接收状态解除	Off	Off	—	R/W	否	Off
M1126	STX/ETX 使用者/系统定义选择	Off	Off	—	R/W	否	Off
M1127	通信指令数据传送接收完毕，不含 RS 指令	Off	Off	—	R/W	否	Off
M1128	传送中 / 接收中指示	Off	Off	—	R/W	否	Off
M1129	接收逾时	Off	Off	—	R	否	Off
M1130	STX/ETX 使用者/系统定义选择	Off	Off	—	R/W	否	Off
M1131	MODRD/RDST/MODRW 数据转换成 HEX 期间 M1131=On	Off	Off	—	R	否	Off
M1132	On 为 PLC 程序中无通信相关指令	Off	—	—	R	是	On
M1138	COM1（RS-232）通信设定保持，设定后 D1036 变更无效	Off	—	—	R/W	否	Off
M1139	SLAVE 时，COM1（RS-232）的 ASC/RTU 模式选择（Off:ASCII 模式，On:RTU 模式）	Off	—	—	R/W	否	Off
M1140	MODRD/MODWR/MODRW 数据接收错误	Off	Off	—	R	否	Off
M1141	MODRD/MODWR/MODRW 指令参数错误	Off	Off	—	R	否	Off
M1142	VFD-A 便利指令数据接收错误	Off	Off	—	R	否	Off
M1143	SLAVE 时，COM2（RS-485）的 ASCII/RTU 模式选择（Off: ASCII 模式 On: RTU 模式） MASTER 时，COM2（RS-485）的 ASCII/RTU 模式选择（Off:ASCII 模式 On:RTU 模式），配合 MODRD/MODWR/MODRW 指令使用	Off	—	—	R/W	否	Off
M1161	8 位处理模式（On 时 8 位模式）	Off	—	—	R/W	否	Off
M1235	C235 计数模式设定（On 时为下数）	Off	—	—	R/W	否	Off

续表

编号	功能说明	Off ↓ On	Stop ↓ Run	Run ↓ Stop	属性	停电保持	出厂值
M1236	C236 计数模式设定（On 时为下数）	Off	—	—	R/W	否	Off
M1237	C237 计数模式设定（On 时为下数）	Off	—	—	R/W	否	Off
M1238	C238 计数模式设定（On 时为下数）	Off	—	—	R/W	否	Off
M1241	C241 计数模式设定（On 时为下数）	Off	—	—	R/W	否	Off
M1242	C242 计数模式设定（On 时为下数）	Off	—	—	R/W	否	Off
M1244	C244 计数模式设定（On 时为下数）	Off	—	—	R/W	否	Off
M1246	C246 计数监视（On 时为下数）	Off	—	—	R/W	否	Off
M1247	C247 计数监视（On 时为下数）	Off	—	—	R	否	Off
M1249	C249 计数监视（On 时为下数）	Off	—	—	R	否	Off
M1251	C251 计数监视（On 时为下数）	Off	—	—	R	否	Off
M1252	C252 计数监视（On 时为下数）	Off	—	—	R	否	Off
M1254	C254 计数监视（On 时为下数）	Off	—	—	R	否	Off

附录 4

特殊数据寄存器（仅限 ES/EX/SS 系列 PLC）

编号	功能说明	Off ↓ On	Stop ↓ Run	Run ↓ Stop	属性	停电保持	出厂值
D1000	程序扫描超时定时器（WDT）（单位: ms）	200	—	—	R/W	否	200
D1001	DVP 机型系统程序版本	#	#	#	R	否	#
D1002	程序容量	#	—	—	R	否	#
D1003	程序内存内容总和	—	—	—	R	是	#
D1004	语法检查出错代码	0	0	—	R	否	0
D1008	WDT 定时器 ON 之 STEP 地址	0	—	—	R	否	0
D1009	记录 LV 信号曾经发生过的次数	—	—	—	R	是	0
D1010	现在扫描时间（单位: 0.1ms）	0	—	—	R	否	0
D1011	最小扫描时间（单位: 0.1ms）	0	—	—	R	否	0
D1012	最大扫描时间（单位: 0.1ms）	0	—	—	R/W	否	0
D1018	πPI（Low byte）	H0FDB			R	否	#
D1019	πPI（High byte）	H4049			R	否	#
D1020	X0~X7 输入滤波器，单位 ms	10	—	—	R/W	否	10
D1021	X10~X17 输入滤波器，单位 ms	10	—	—	R/W	否	10
D1022	AB 相计数器倍频选择	0	—	—	R/W	否	10
D1025	通信要求发生错误时的代码	0	—	—	R	否	0
D1028	指针寄存器 E0	0	—	—	R/W	否	0
D1029	指针寄存器 F0	0	—	—	R/W	否	0
D1030	Y0 脉冲输出个数 Low word	0	—	—	R	否	0
D1031	Y0 脉冲输出个数 High word	0	—	—	R	否	0
D1032	Y1 脉冲输出个数 Low word	0	—	—	R	否	0
D1033	Y1 脉冲输出个数 High word	0	—	—	R	否	0
D1036	COM1（RS-232）通信协议	H86			R/W	否	H86
D1038	RS-485 通信 PLC 主机当从站，数据响应延迟时间设定，范围 0~10 000，时间 0.1ms				R/W	是	0
D1039	固定扫描时间（ms）	0	—	—	R/W	否	0
D1050 ↓ D1055	Modbus 通信指令数据处理，PLC 系统会自动将 D1070~D1085 的 ASCII 字符数据转换为 HEX，16 位数值	0	—	—	R	否	0
D1056	EX 模拟输入信道 CH0 现在值	0	—	—	R	否	0
D1057	EX 模拟输入信道 CH1 现在值	0	—	—	R	否	0
D1058	EX 模拟输入信道 CH2 现在值	0	—	—	R	否	0
D1059	EX 模拟输入信道 CH3 现在值	0	—	—	R	否	0

续表

编号	功能说明	Off ↓ On	Stop ↓ Run	Run ↓ Stop	属性	停电保持	出厂值
D1061	系统错误信息	—	—	—	R	是	0
D1067	演算错误出错代码	0	0	—	R	否	0
D1068	演算错误地址锁定	0	—	—	R	否	0
D1069	M1065～M1067 发生错误的地址	0	—	—	R	否	0
D1070 ↓ D1085	Modbus 通信指令数据处理，PLC 内建 RS-485 通信便利指令，指令送到受信端后回传信息储存于 D1070～D1085，可查看回传数据	0	—	—	R	否	0
D1086	DVP-PCC01 密码设定值 Low word（以 ASCII 字符对应的 HE 值表示）	0	—	—	R/W	否	0
D1087		0	—	—	R/W	否	0
D1088	DVP-PCC01 复制次数设定值	0	—	—	R/W	否	0
D1089 ↓ D1099	Modbus 通信指令数据处理，PLC 内建 RS-485 通信便利指令，执行时所送出指令储存于 D1089～D1099，可查看是否正确	0	—	—	R	否	0
D1104	加减速脉冲 Y0 使用控制寄存器（D）起始编号	0	—	—	R/W	否	0
D1110	EX 模拟输入信道 CH0 平均值	0	—	—	R	否	0
D1111	EX 模拟输入信道 CH1 平均值	0	—	—	R	否	0
D1112	EX 模拟输入信道 CH 2 平均值	0	—	—	R	否	0
D1113	EX 模拟输入信道 CH 3 平均值	0	—	—	R	否	0
D1116	EX 模拟输出 CH 0	0	0	0	R/W	否	0
D1117	EX 模拟输出 CH 1	0	0	0	R/W	否	0
D1118	EX 模拟量转换取样时间设定（ms）	5	—	—	R/W	否	5
D1120	COM2（RS-485）通信协议	H'86	—	—	R/W	否	H'86
D1121	储存 PLC 通信地址（具停电保持功能）	—	—	—	R/W	是	1
D1122	发送数据剩余字数	0	0	—	R	否	0
D1123	接收数据剩余字数	0	0	—	R	否	0
D1124	起始字符定义（STX）	H'3A	—	—	R/W	否	H'3A
D1125	第一结束字符定义	H'0D	—	—	R/W	否	H'0D
D1126	第二结束字符定义	H'0A	—	—	R/W	否	H'0A
D1127	RS 指令特定字符通信接收中断请求（I150）	0	—	—	R/W	否	0
D1129	通信超时异常，时间定义（ms）	0	—	—	R/W	否	0
D1130	MODBUS 回传错误码记录	0	—	—	R	否	0
D1137	操作数使用错误发生时的地址	0	0	—	R	否	0
D1140	特殊扩展模块台数，最多 8 台	0	—	—	R	否	0
D1142	数字扩展 X 点数	0	—	—	R	否	0
D1143	数字扩展 Y 点数	0	—	—	R	否	0
D1169	RS 指令特定长度通信接收中断请求（I160）	0	—	—	R/W	否	0

续表

编号	功能说明	Off ↓ On	Stop ↓ Run	Run ↓ Stop	属性	停电保持	出厂值
D1256 ↓ D1295	PLC 内建 RS-485 通信便利指令 MODRW，执行时送出的指令字符储存于 D1256～D1295，可查看指令是否正确	0	—	—	R	否	0
D1296 ↓ D1311	PLC 内建 RS-485 通信便利指令 MODRW，自动将指定接收的寄存器内容 ASCII 字符数据转换为 HEX 数据值储存于 D1296～D1311	0	—	—	R	否	0

参 考 文 献

［1］ 彭瑜.试论传统 PLC、现代 PLC 和 PAC 的渊源和区别.电气时代，2006 年第 9 期 16-19.

［2］ Bemhard Kuttkat.从 PLC 到 PAC—名称变化的背后.机电产品市场，2007（9）:21-23.

［3］ 毕辉.关于软 PLC 技术的研究及发展.机电产品开发与创新，2006（6）118-120.

［4］ 胡学林.电器控制与 PLC.北京：冶金工业出版社，1997.

［5］ 吴建强.可编程控制器原理及其应用.哈尔滨：哈尔滨工业大学出版社，2004.

［6］ 吕景泉.可编程控制器技术教程.北京：高等教育出版社，2001.

［7］ 何衍庆.可编程控制器原理及应用技巧.北京：化学工业出版社，2003.

［8］ 曹辉.可编程序控制器系统原理及应用.北京：电子工业出版社，2003.

［9］ 刘敏.可编程控制器技术.北京：机械工业出版社，2004.

［10］ 杨公源.可编程控制器（PLC）原理与应用.北京：电子工业出版社，2004.

［11］ 余雷生.电气控制与 PLC 应用. 北京：机械工业出版社，1999.

［12］ 中达电通股份有限公司.DVP ES/EX/SS 系列说明书及手册.2006.

［13］ 中达电通股份有限公司.DVP PLC 应用技术手册（程序篇）.2006.

［14］ 中达电通股份有限公司.DVP PLC 应用技术手册（应用篇）.2006.